英国男子制服コレクション
British Male Uniform Collection

石井理恵子／横山明美 著

はじめに

　流行最先端のファッションもいいものですが、トラディショナルなものに心惹かれる人も多いはず。その代表格が制服です。

　英国は各種制服の発祥の国であり、制服から発展した現代ファッションを世界に送り出してきました。そこで英国の制服に注目し、気になるジャンルをピックアップして、ご紹介したいと思います。

　とはいえ正直に言えば、この企画の発端は、とあるテレビのドキュメンタリー番組です。有名なロックミュージシャンが、英国のパブリック・スクールにやってきて、生徒をロックンローラーにするといった内容で、それ自体も確かにユニークなのですが、なにより目を引きつけたのは、学生たちが着ていた制服でした。いつの時代からやってきたのか？ と思うような、古めかしく不思議な制服は、まるで修道士のよう。それを10代の若者たちが着て、学内を歩き回る姿に魅了されてしまったのです。

　この学校の制服を調べるうちに、ほかの学校の制服、さらに多方面の伝統的な制服へと、興味はどんどん広がっていきました。そしてここに、軍隊の礼装やスポーツ、現在も着用している驚くほど時代がかった職業の制服も含めた、英国の制服コレクションができ上がりました。

　制作にあたり、各所関係者や在学生の皆さんにご協力いただき、文献や資料だけではわからないレアな情報もお聞きしています。本書をご覧になった読者の皆さんにも、私たち同様、英国の制服に大いなる魅力を感じていただければ幸いです。

8月吉日

石井理恵子／横山明美

Contents

Chapter 1 Pictorial

Public School Uniforms
パブリック・スクールの制服

010 　イートン・コレッジ
016 　クライスツ・ホスピタル
022 　ハーロウ・スクール

Armed Forces Uniforms
英国軍の制服

030 　近衛歩兵
034 　王室騎兵
038 　王立騎馬砲兵 国王中隊
040 　海軍
042 　空軍
044 　軍楽隊

Sports Uniforms
スポーツのユニフォーム

052 　クリケット
054 　ポロ
056 　乗馬
058 　テニス
060 　釣り
061 　射撃

Other Uniforms
その他の制服

066 　裁判官
068 　法廷弁護士
070 　警官
072 　ドアマン

Uniform Watching

076 　見るならココへ
081 　制服イベント・カレンダー
084 　ロード・メイヤーズ・ショー
086 　モリスダンス
088 　トゥルーピング・ザ・カラー

Chapter 2 Reference

- 090 イートン・コレッジ
- 098 クライスツ・ホスピタル
- 104 ハーロウ・スクール
- 108 近衛歩兵
- 112 王室騎兵
- 116 海軍
- 118 空軍
- 120 軍楽隊
- 122 クリケット
- 126 ポロ
- 130 乗馬
- 134 裁判官
- 136 法廷弁護士
- 138 スコットランドのキルト

Columns

- 026 オックスフォード大学にも制服が！
- 048 ロンドン塔の衛兵は、元兵士
- 062 カラフルなクラブ・ジャケットの競演！
- 074 スコットランドの民族衣装
- 142 映画で楽しむ英国の制服

＊本書に掲載しているURLは、制作時のものです。
　変更になる場合もありますので、ご了承ください。

参考サイト

www.etoncollege.com/
www.christs-hospital.org.uk/
www.harrowschool.org.uk/
www.ox.ac.uk/
www.army.mod.uk/
www.householdcavalry.co.uk/
http://householdcavalry.info/
www.royalnavy.mod.uk/
www.seayourhistory.org.uk/
www.royalmarinesbands.co.uk/
www.raf.mod.uk/
www.rafmusic.co.uk/
www.judiciary.gov.uk/
http://citypolice.tripod.com/
www.cityoflondon.gov.uk/
www.hmcourts-service.gov.uk/
www.edeandravenscroft.co.uk/
www.pateyhats.com/

参考文献

Eton Colours
by Lachlan Cambell (Essential Works Limited)

Legal Habits
by Thomas Woodcock (Ede and Ravenscroft)

Discover Unexpected London
by Andrew Lawson (Phaidon Press Ltd)

Troopinig The Colour 2009,
Her Majesty The Queen's Birthday Parade

Getty
P10／P12／P40／P42／P58／P59（右上）／P66／P67（上）

©Xin Pang
P22／P24（下）／P25（上、右下）

©Kieran Meeke
P31（左下）／P43（右上、右中央）／P51（右下）／P59（左上、左下）／
P65（右下）／P67（下中央）／P71（左上）／P72（左）／P73（左下を除きすべて）

©Royal Air Force [www.raf.mod.uk/]
(Reproduced under the terms of the Click-Use Licence)
P43（左下）

©Britain on View [www.britainonview.com/]
P49（右上）／P60（左）／P74（左、右上）／P75（右上、左下）

©MCC [www.lords.org/]
P51（右上）／P52／P53（3枚ともすべて）

©AELTC [www.wimbledon.org/]
P59（右下）／P80（右下、左下）

©村川荘兵衛
P60（右上、右下）／P74（左）

©Alexander James [www.bespokecountryclothing.co.uk/]
P61（4枚ともすべて）

©Judicial Communications Office, Judiciary of England and Wales
[www.judiciary.gov.uk/]
P67（左下）

©Lloyd's of London [www.lloyds.com/]
P73（左下）

©City of London [www.cityoflondon.gov.uk/]
P84（上）／P85（右下、左下）

＊上記の写真以外はすべて、©Akemi Yokoyama & Rieko Ishii

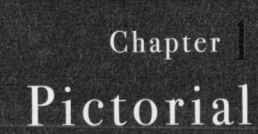

Chapter 1
Pictorial

Public School Uniforms
パブリック・スクールの制服

学校制服発祥の国といわれている英国。
英国で数百年の歴史を持つ名門校の制服には
日本では見られない独特のデザインのものがあります。

　制服のなかでも学生時代にしか着ることのできない学校制服。ここでは特に際立った特徴を持つ、3つの名門寄宿学校の制服を紹介します。テイルコート（燕尾服）スタイルのイートン・コレッジ、くるぶし近くまである上着が特異な450年を越える歴史を持つクライスツ・ホスピタル、そして日本でも学生服として定着しているブレザー・スタイルのハーロウ・スクール。それぞれが伝統に裏打ちされた、時代を超越したようなクラシックで格式のあるスタイル。これを古臭いという人もいますが、かえって学生たちを魅力的に見せ、彼らもこの制服を着ることに誇りを持っているようです。

Public School Uniforms

Eton College
イートン・コレッジ
→ P. 010

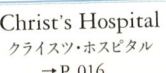

Christ's Hospital
クライスツ・ホスピタル
→ P. 016

Harrow School
ハーロウ・スクール
→ P. 022

Eton College
イートン・コレッジ

日本人が、英国のパブリック・スクールを思い浮かべるとき、
真っ先に出てくるのは燕尾服姿の学生たちが学ぶ寄宿制男子校、
イートン・コレッジではないでしょうか。

ヘンリー王子もイートン・コレッジの卒業生。在学時の制服姿は自然体という印象。
AFP/Getty Images

Public School Uniforms ● Eton College

イートン・コレッジの制服は、
遠くからでもよく目立ちます。

登下校時は、学校近くの
寄宿舎周辺に学生たちの姿が。

放課後は私服で出かけてもOK。上級生が、下級生につき添います。

校舎やチャペルは
歴史を刻んでいて重厚な雰囲気。

燕尾服で有名なエリート校

　英国一多くの首相を輩出したイートン・コレッジ。英国王室からはウィリアム王子やヘンリー王子はもちろん、海外の王室の子息が入学することでも知られるエリート校です。

　制服の上着にあたるテイルコート（燕尾服のことを現地ではこう呼ぶ）が、品格を感じさせます。テイルコートの下には、白いシャツにくるんと丸まる白のタイをつけ、黒いウエストコート（ベスト）にピンストライプのズボン。その姿は入学したてのあどけない少年でも、立派な英国紳士に見えます。この制服はオリジナルと現在のものとでは異なり、昔の制服は観光客も見学できる学校のミュージアムに展示されています。

POPと呼ばれる特別な優等生は、ズボンも一般学生とは異なります。遠目にはグレーに見えますが、じつは千鳥格子。

Tim Graham/Getty Images

イートン・コレッジ周辺は、
テイルコートの若い紳士が行きかいます。

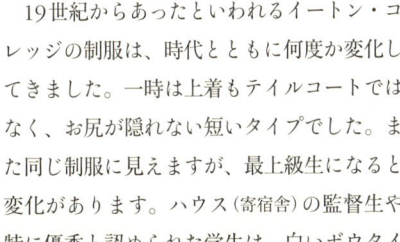

若い頃から着ているので、
卒業する頃にはテイルスーツの着こなしも
すっかり馴染んでいます。

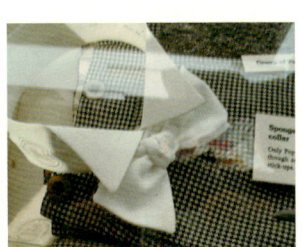

POPや寄宿舎の監督生が着用するボウタイ。
これも、エリートの証。

優秀な学生の制服の"違い"

19世紀からあったといわれるイートン・コレッジの制服は、時代とともに何度か変化してきました。一時は上着もテイルコートではなく、お尻が隠れない短いタイプでした。また同じ制服に見えますが、最上級生になると変化があります。ハウス(寄宿舎)の監督生や特に優秀と認められた学生は、白いボウタイ(蝶ネクタイ)をつけ、さらに格上のPOPと呼ばれるエリート学生は、ウエストコートを自分好みの色や柄にできます。この華やかなウエストコートを着ている学生は、学内でも特別な存在。ウィリアム王子は優秀で人望もあり、POPとなって好きな柄を選べましたが、ヘンリー王子にはその特権がなかったとか。

クリケットのスポーツ用
ブレザーを着た学生。
ブレザーと帽子は同じ柄。

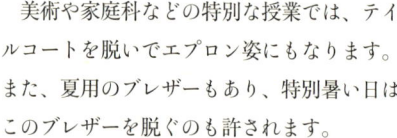

2008年度の卒業生たち。この日は
父兄を招いたイベントで、胸には花を。

学内でバグパイプを
吹くグループ。
テイルスーツに
バグパイプというのは
ちょっと珍しい。

種類豊富なブレザー

　美術や家庭科などの特別な授業では、テイルコートを脱いでエプロン姿にもなります。また、夏用のブレザーもあり、特別暑い日はこのブレザーを脱ぐのも許されます。

　ハウスによって特定の色のブレザーがあったり、スポーツの遠征試合のときは、カラフルなスポーツ用ブレザーを着用しますが、これを夏のブレザー代わりに着る学生もいます。複数のスポーツで活躍すれば、その数ぶんのスポーツ用ブレザーを着ることも可能。本書ではお見せできませんが、キングス・スカラーと呼ばれる学内で最優秀とされる奨学生のグループは、袖の広がったガウンのような上着を着ます。

フォース・オブ・ジューンのメーンイベント「ボートの儀式」。コックスだけ、特殊な昔の礼装を着用します。

儀式用の制服を着た学生がボートの上でいっせいに立ち上がります。

フラワーハットのアレンジもさまざま。

年に一度だけ限定の制服

フォース・オブ・ジューン（Fourth of June／6月4日）と呼ばれる、学校に大きく貢献したジョージ3世の誕生日を祝う年に一度の特別な学内イベントでは、選ばれた学生のみが特別な制服を着て、構内を流れるテムズ川でボートを漕ぎます。ボートごとに微妙に異なる上着と、それぞれ色の違うストライプのシャツにネクタイを着用します。さらに特徴的なのは、色鮮やかな花をふんだんに挿して飾った麦わら帽子をかぶること。学生たちはボートの上に立ち、ウィンザー城に向かって脱帽してこれを振るという慣わしがあります。残念ながらこのイベントには、在学生とその関係者しか参加することができません。

Christ's Hospital
クライスツ・ホスピタル

ホスピタル、という名前ですが、もちろん学校です。
歴史は14世紀にさかのぼり、そもそもは貧困層を救うための場、
貧しい子供たちの教育の場としてスタートしたのが"ホスピタル"の由来だとか。

ここの学生服は、その歴史が古いだけでなく、現在の英国では非常に珍しいスタイル。

学校の校章。
イングランド旗と制服に
使われている色がデザインに
反映されています。

校舎の上には、風に翻る校旗が。

女子学生の上着は短い丈。

一見、修行中の若い修道士かと思ってしまうような、ユニークな制服。

世界最古の学生服

クライスツ・ホスピタルの制服は世界最古のものといわれており、その姿は非常にクラシカルで修道士に間違えられることもあるとか。数ある学校制服のなかでも異彩を放っています。初期の制服は今よりカラフルだったようですが、形は創立当時とほとんど変わっていないというから驚きです。

濃紺（かつてはもっと鮮やかなブルーだったよう）のくるぶし近くまである、ブルーコートと呼ばれる長い上着。白いシャツに、長方形のタイ、膝丈のズボン、そしてイエローのハイソックス。この学校はじつは共学で、女子はズボンの代わりにプリーツスカートをはき、上着は短めです。

017

その歴史だけでなく、実質的にも受け継がれているため、かなり色褪せている制服も。

学内精鋭によるバンドの先頭に立つドラム・メイジャーは、青いサッシュを斜め掛け。

ボタンには学校創立者、エドワード6世の肖像が彫り込まれています。

強い印象を与える、黄色いハイソックス。

タイはシャツにボタンで留めます。

青と黄色の組み合わせ

　学校として創立されたのは1552年。創立当時はイートン・コレッジとは違い、貧困層の子供たちを集めた学校だったため、ロンドン市民からの寄付によって作られた制服を着用していました。

　ブルーコートとイエローのソックスという強い印象の色の組み合わせは、青と黄色の染料が安かったため、他の慈善学校と区別するためなど諸説あるようです。優秀な学生と最終学年の学生は、ベルベットのカフス付きのブルーコートになり、ボタンの数も増えます。また3年生以上になるとベルトのバックルがシンプルなものから、彫り模様のついたものになります。

Public School Uniforms — Christ's Hospital

奥のほうに見えるヒョウ柄の上着(本物の毛皮ではない)は、ベース・ドラムを担当する学生のみが着用できます。

毎日のランチタイムにはバンドが演奏をし、そのあとを学生たちがついて中庭を行進するのが恒例行事。

行進が終了し、ランチに向かう学生たち。

バンドは、大きなイベントに呼ばれて演奏することもしばしば。どこに行っても注目を集めます。

貸与される制服

　この学校では、制服を購入して着るのではなく、学校から無料で貸与されます。入学時に体型に合ったものを借り(成長に伴い身体に合ったものに替えます)、卒業時に返却するのです。学校の在庫にない体型の学生は、新しく作りますが、それはまれなこと。50年前に作った持ちのいい制服もあるそうです。

　ウエスト・サセックス州のローカルな地域にある学校のため、学生たちをめったに見かけることはできませんが、ロンドンのシティの人気イベント「ロード・メイヤーズ・ショー」や、クリケットやラグビーの有名な大会には学校のバンドが制服姿で出演し、演奏をお披露目、注目を集めます。

Harrow School
ハーロウ・スクール

輩出した首相の数やスポーツ競技などで、イートン・コレッジと比較されるハーロウ・スクール。創立は16世紀後半ですが、制服は19世紀になってから、現在のブレザー姿の原型ができてきたようです。

登校時は、トレードマークのハーロウ・ハットをかぶって。

ブレザーにエンブレムはなく、帽子でここの学生とわかります。

日曜になると、この教会にハーロウ・スクールの学生がテイルスーツ姿でやってきます。

赤いレンガの校舎に、濃紺のブレザー姿が映えます。

ブレザーと麦わら帽子

かつてジョン・リヨンという裕福な農民が、近隣の子供たちに勉強の場を与えるため、財産を学校設立のために残したのがはじまりだというハーロウ・スクール。当初は授業料も無料でしたが、授業料を受け取ることにより、他地域の子供たちも受け入れるようになりました。

制服は日本でも馴染みのあるブレザーにグレーのズボン、白いシャツに黒のネクタイというスタイル。特筆すべきは、それに麦わらでできた帽子をかぶるということ。季節に関係なく、ブレザースーツにハーロウ・ハットと呼ばれる、紺色のリボンを巻いた麦わら帽子をかぶります。

ハーロウの小高い丘に学校、寄宿舎、図書館、教会などがまとまっています。

トップハットにボウタイとテイルスーツ、ステッキを持つのが生徒会長。

日曜日は特別

　学生は教会に行く日曜日だけテイルコート・スタイルになり、トップハットをかぶります。テイルコートといってもイートン・コレッジのものとはデザインが異なります。

　この学校でも制服に格付けのようなものがあり、たとえば寄宿舎の監督をする学生は、ハーロウ・ハットのリボンとネクタイに校章をつけます。学内で最高の地位にある生徒会長は教会だけでなく、学内の特別行事でも特権の証としてテイルコートにボウタイをつけ、トップハットとステッキを持つのだそう。芸術やスポーツの成績優秀者たちは、テイルコートの下に着るウエストコートの色がグレーや赤で、ほかの学生とは違います。

所属するスポーツクラブなどにより、マフラーの色やデザインが異なります。

校内のホール。ここでコンサートや
お芝居などの催しが開かれます（上）。
美しいステンドグラスが
はめ込まれた校内の一角（下）。

一般学生のテイルスーツ姿。シャツにはネクタイ。

Column **University of Oxford** ［オックスフォード大学］

オックスフォード大学にも制服が！

550年の歴史を物語る
モードリン・カレッジ。

学士課程を無事卒業するまでは、
構内で帽子をかぶるのは禁止。
試験のときは手に持ちます。

{ 学生が支持したサブファスク }

　選び抜かれたエリートだけが通うオックスフォード大学は、英語圏で最も古く格調高い大学です。学生にはサブファスク（Subfusc）と呼ばれる礼装があります。毎日着る制服ではありませんが、他の大学と異なり、入学式と卒業式のほか、在学中の試験にも着用するので有名です。ラテン語の「暗い色」が由来のサブファスクは黒のスーツ、白いシャツと白い蝶ネクタイのことで、その上に指定ガウンを羽織ります。ガウンにはいろいろな種類があり、学士課程、修士課程、博士課程でデザインが違い、

コモナーのガウンは
襟付きで、丈が短い。

写真のベン君は優秀なスカラー。
この姿で試験に挑みます。

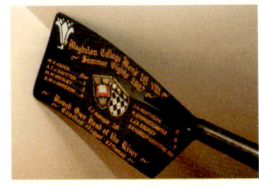

構内にある
寄宿舎に飾ってあった
ボートクラブの
優勝記念オール。

撮影後、ガウンを脱いだ姿。
彼の先輩にはC.S.ルイスや
オスカー・ワイルドがいます。

専攻によっても異なります。たとえば、コモナーと呼ばれる一般学生はセーラー服風の小さな襟が付いたジャケット丈のガウンで、袖の代わりに肩から長い布が垂れ下がっています。スカラーと呼ばれる優秀で奨学金を得ている学士課程の学生はプリーツのたっぷり入った長い、襟のないガウンを着ます。2006年に学生組合が制服の着用義務廃止の投票を行いましたが8割以上の学生が反対して却下、伝統が維持されることになりました。由緒ある大学で親子代々オックスフォード出身というケースも珍しくなく、親からガウンと帽子のお下がりを受け継ぐ学生も少なくないようです。

Armed Forces Uniforms
英国軍の制服

「女王陛下の軍隊(Her Majesty's Armed Forces)」とも呼ばれ陸軍、海軍、空軍から構成される英国軍。色鮮やかで威厳に満ちた礼装の数々には目を見張るものがあります。

　軍隊の制服には、陸・海・空とも大まかに普段着用する常装と公式儀式などで着用する礼装がありますが、ここでは礼装を紹介します。陸軍はバッキンガム宮殿の衛兵交代に代表されるフルドレスという最も艶やかで装飾的な礼装に焦点をあてます。近衛歩兵(Foot Guards)、王室騎兵(Household Cavalry)、王立騎馬砲兵(Royal Horse Artillery)と各連隊の軍楽隊だけが公式儀式の際に着用する軍服です。一方、海軍と空軍の礼装は青・紺・白を基調にしたシンプルなもの。セーラー服や防寒用のトレンチコートやダッフルコートなど、英国の軍服から生まれたファッション・アイテムが多いのも魅力です。

＊本書では陸軍の将校、准士官、下士官を総称して、士官としています。
＊近衛歩兵と王室騎兵の礼装は、若干のリニューアルを予定しているそうです。

Household Cavalry
王室騎兵
→ P. 034

Foot Guards
The Queen's Guards
近衛歩兵
→ P. 030

Royal Horse Artillery
King's Troop
王立騎馬砲兵　国王中隊
→ P. 038

Royal Navy
海軍
→ P. 040

Royal Air Force
空軍
→ P. 042

Foot Guards The Queen's Guards
近衛歩兵

赤いチュニックと熊毛の帽子であまりにも有名な近衛歩兵。
王室公邸の護衛をする近衛師団の中のThe Queen's Guardsと呼ばれる
5連隊だけがこの礼装を着用する名誉を与えられています。

位の高い士官を先頭に行進するウェリッシュ連隊。チュニックは襟、肩、袖の色が位によって異なります。

衛兵として任務遂行中は実弾入りライフルを持ち、いつでも発砲できるよう訓練を受けています。

観光には欠かせない衛兵交代シーン。

実戦にも出る近衛歩兵

　近衛歩兵は女王の護衛や衛兵任務を行うだけではなく、一般連隊と同じく実践訓練を受け、偵察や狙撃部隊としてイラクやアフガニスタンなど危険な地域にも駐屯します。

　5つの連隊であるグレナディア／コールドストリーム／スコティッシュ／アイリッシュ／ウェリッシュ連隊にはそれぞれ、3つの中隊で構成される第一大隊（3個小銃中隊、偵察／対戦車／迫撃砲／狙撃小隊で構成される支援中隊、輸送／衛生／通信小隊で構成される大隊本部中隊）があります。

　アイリッシュ連隊とウェリッシュ連隊以外は、さらにロンドンの衛兵任務をおもに実施する増強中隊を持っています。

一糸乱れず行進する凛々しいアイリッシュ連隊。

位の高い士官の礼装は、襟、肩、袖が金色でズボンの線が太い。

トゥルーピング・ザ・カラーで女王がパレードするバッキンガム宮殿前の護衛にあたる近衛歩兵。

 連隊の上下関係

　各連隊は上下関係がはっきりしており、5つの連隊の中で一番地位が高いのはグレナディア連隊。しかし、一番歴史が古くプライドが高いコールドストリーム連隊が2番になることを嫌い、全員が一緒にパレードするときは本来右側から順番に並ぶべきところ、グレナディア連隊から一番離れた左端に並ぶのが慣わしとか。

　ちなみに、コールドストリーム連隊のモットーは「Second to none(誰の2番目でもない=誰にも引けを取らない)」。まさに文字通りに体現しています。また、歩兵が抱えているライフルはいつでも発砲できるように、銃弾が込められているそうです。

所属連隊は襟章でもわかります。
写真はコールドストリーム連隊。

士官の腕に入っている階級章。

長時間の直立不動は辛いので、
護衛中は士官の指示で
ちょっとずつ体を動かします。

連隊ごとに細かく違う礼装

5つの連隊は赤いチュニックのボタン数、肩章、襟の飾り、そして帽子の飾りの位置や色によって見分けることができます。熊毛の帽子はひと頃、化繊を試したこともあったそうですが上手くいかず、今でも自然死した本物の熊の毛が使われているようです。

バッキンガム宮殿の近衛歩兵は1959年まで門の外に配置されていたそうですが、しばらくあとに門の内側に移動し、現在に至っています。エリザベス女王の公邸のひとつで、観光スポットでもありますが、ここでの勤務は彼らにとって重要です。記念写真は撮れますが、任務中の彼らを邪魔しないようにしたいものです。

Household Cavalry
王室騎兵

冠毛が垂れた銀色のヘルメットに馬上高々と背筋を伸ばして
パレードする騎兵たち。赤と青の装いに身を包むその姿は
英国で一番歴史の古い連隊に相応しい気品に満ちたものです。

見事な手綱さばきで馬を操るブルーズ・アンド・ロイヤルズ連隊。

Armed Forces Uniforms ❖ Household Cavalry

赤いチュニックと白い冠毛のライフ・ガード。

士官の礼装にはゴールドの装飾が多く、ヘルメットのデザインも違います。

冬季に着用する大きな襟のオーバーコート。写真はライフ・ガードのもの。

王族を護衛するふたつの騎馬連隊

　王室騎兵はライフ・ガードとブルーズ・アンド・ロイヤルズというふたつの連隊で構成され、近衛歩兵と同じく、王室公邸の護衛にあたる近衛師団に所属。ブルーズ・アンド・ロイヤルズ連隊は、王室近衛騎馬連隊(The Royal Horseguards 通称ブルーズ)と第一王室竜騎兵連隊(The Royal Dragoons / 1st Dragoons 通称ロイヤルズ)を1969年に統合した隊で、両方とも17世紀から王室護衛任務を行ってきた陸軍の中で最も古く格式高い連隊です。

　陸軍の行進時は古い連隊から順番に右側から並ぶのがしきたりで、王室騎兵はいつも右端。ただし、王室騎馬砲兵が銃を抱えているときだけは、彼らに優先権があるそうです。

035

馬術競技に出場中の騎兵。
笑顔を見せてくれるのは珍しいこと。

任務中は威厳に満ちていますが、
じつは若い男の子が多いのです。

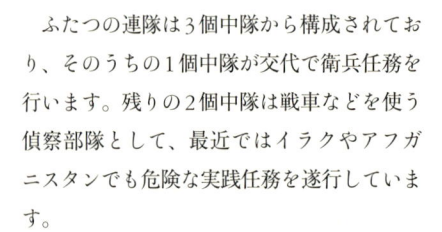

赤い襟に紺色のコートのブルーズ・アンド・ロイヤルズ。

王子やあの有名シンガーも所属

　ふたつの連隊は3個中隊から構成されており、そのうちの1個中隊が交代で衛兵任務を行います。残りの2個中隊は戦車などを使う偵察部隊として、最近ではイラクやアフガニスタンでも危険な実践任務を遂行しています。

　王室騎兵は王室と深い関わりがあり、現在ウィリアム王子とヘンリー王子がブルーズ・アンド・ロイヤルズ連隊に所属しています。ほかにも有名なシンガー・ソングライター、ジェイムス・ブラントは、ミュージシャンとして成功する前にライフ・ガードのキャリア士官として、コソボの紛争地帯に赴任した経験もあるそうです。

昔は宮殿への唯一の通り道だったホースガーズ・パレード。現在も騎兵たちが護衛する由縁です。

右手に剣、左手だけで
手綱を持ちます(左)。
ライフ・ガードは襟が
紺色の赤いコート(右)。

Armed Forces Uniforms ✤ Household Cavalry

礼装は楽じゃない

　基本デザインは同じですが、ライフ・ガードは赤が基調なのに対し、ブルーズ・アンド・ロイヤルズは濃紺を基調にした礼装です。ヘルメットの天辺から垂れ下がる房飾りもライフ・ガードが白でブルーズ・アンド・ロイヤルズが赤、と少しずつ違います。じつはこの飾り、昔は鯨の骨を細い糸状に加工したものを使っていたとか。19世紀のヴィクトリア時代には馬の毛を使うようになりましたが、1950年くらいからは化繊に。ヘルメットひとつが2千ポンドもする高価な礼装のため、日常の手入れも重要な任務のひとつです。任務中は食事の時間を除き、休みなく馬具と礼装の手入れを続けるそうです。

Royal Horse Artillery King's Troop
王立騎馬砲兵 国王中隊

王室の公式行事や国賓を歓迎するための礼砲を撃ったり、国葬の際に棺を乗せた馬車を引くというこの連隊独特の任務を持ち、騎馬により式典や衛兵業務を行う国王中隊。かつてダイアナ妃の国葬で棺を引いたのもこの連隊でした。

礼砲の準備をする国王中隊。赤い帽子飾りは、かつて敵の軍刀から身を守るための砂袋でした。

礼砲を撃つ瞬間は、もの凄い音と煙が。

同じ歩幅と
スピードでの行進は、
至難の業。

Armed Forces Uniforms ❦ Royal Horse Artillery

重さ1トンもある騎兵砲を自由自在に引き回します。

騎兵砲を自在に操る連隊

　金色の装飾を施した濃紺の上着と赤い線入りのズボン。黒い毛皮の高帽には赤い垂れ耳状の布がついていますが、これは昔、敵の軍刀から身を守るための砂袋でした。公式行事のほか、女王が参列する王立ウィンザー・ホース・ショーなどで馬術を披露することも。騎兵が馬を2頭ずつ操り、重さ1トンもある騎兵砲を音楽に合わせ自由自在に引き回すというものです。また、近衛師団の王室騎兵が馬の夏期休暇で不在の1カ月間は、ホースガーズ・パレードで毎年、騎乗衛兵勤務の代行をします。王立騎馬砲兵は国王中隊のほか、自走榴弾砲装備の実践部隊3個連隊により構成され、イラクにも派遣されました。

039

Royal Navy
海軍

かつて七つの海を征服して大英帝国を築き上げた英国海軍。
陸軍と空軍よりも歴史が古いため
形式上は英国軍の中で上位な存在とされています。

礼装で微笑むウィリアム王子。袖章は二等海少尉のものです。
Tim Graham/Getty Images

簡単に脱げて、すぐ海に飛び込めるように
大きな襟ぐりが特徴の海軍水兵。

清潔感に溢れた海兵隊の白と紺の礼装。

海兵隊軍楽隊。ドラマーの右肩には太鼓の刺繍と階級を示す矢印。

セーラー服の起源となった英国海軍の水兵の制服。

Armed Forces Uniforms ⚓ Royal Navy

ネイヴィー・ブルーの由来

　紺色を「ネイヴィー（海軍）・ブルー」と呼ぶのは英国海軍の制服が紺と白だから。海軍の礼装には士官と水兵の2種類があり、士官は紺色のダブルのブレザーにズボン、白いシャツ、ネクタイとトップが白い帽子。階級は袖章のカールと呼ばれる円環と肩章でわかります。水兵は青い襟のセーラー服とトップが白い帽子。最初は角が丸い襟でしたが、航海中に水兵が縫いやすいように、現在の四角い形に。水兵の帽子には所属船名が書かれていますが、世界大戦中は身元が割れることを恐れて書きませんでした。水陸両用作戦に主眼を置いた、軽歩兵部隊である海兵隊（Royal Marine）も海軍に属しています。

＊海軍（Royal Navy）と海兵隊（Royal Marine）はRoyal Naval Servicesという広義に渡る組織の一部なので、
　本書では海軍としています。英国では一般的に、Royal Naval Services＝Royal Navyと俗称される傾向があります。

Royal Air Force
空軍

1918年に陸軍と海軍の航空隊が合併して設立されたのが、英国空軍です。
英国空軍は、世界で最も古い歴史を誇っています。空軍も参加する
エア・ショーは、英国内の軍関係のイベントとして、特に高い人気があります。

オリジナルのチップモンク（航空機）の前でポーズする空軍大将のチャールズ皇太子と大尉のウィリアム王子。
Anwar Hussein/WireImage/Getty Images

パレードの締めくくりに飛行する、空軍の戦闘機。

ライフルを掲げて行進する空軍兵士たち。

白い手袋と白いベルトが凛々しさを増します。

温暖地の礼装は象牙色のスーツで涼しげに。

Armed Forces Uniforms ※ Royal Air Force

青を基調にした礼装

　空軍の礼装は温暖な駐屯地で着用する象牙色のものと、ブルー・グレーの2種類がありますが英国内では後者を着用、少将以上は上着に金色のベルトと肩章がつきます。階級ごとに袖章や腕章も替わります。空軍には公式行事や式典でパレードするクイーンズ・カラー・スクワドロンという演習部隊があり、女王が空軍に与えた軍旗（クイーンズ・カラー）のエスコートがおもな仕事。近衛歩兵に代わり、バッキンガム宮殿など王室公邸の護衛にもあたります。素人が見るとわかりませんが、じつは真鍮のバックルは四角く、上着のポケットは飾り用で縫い込んであります。帽子もほかに比べ高さがあるそうです。

043

Army Band
軍楽隊

素晴らしい演奏と礼装で楽しませてくれる軍楽隊。
王室の公式行事に留まることなく、エディンバラ城で行われるミリタリー・タトゥーや
ウィンザー城で行われるコンサートなどで大いに活躍しています。

近衛歩兵には軍楽隊が5種類あります。写真はアイリッシュ連隊。

陸軍の軍楽隊

王立騎馬砲兵の軍楽隊。
国王中隊が礼砲を撃つときはいつも演奏します。

王室騎兵のドラマー（左）と片手で指揮棒を振る指揮者（右）。

艶やかな礼装の近衛歩兵ドラム・メイジャー（上）とアイリッシュ連隊のドラマー（下）。

Armed Forces Uniforms ❖ Army Band

華やかさで群を抜く陸軍軍楽隊

　軍楽隊の発祥は戦場で太鼓が信号代わりに使われていた14世紀に遡ります。次第に金管楽器、横笛やバグパイプ、と楽器が増えていったそうです。現在、英国陸軍には20個以上の軍楽隊があり、800余名のミュージシャンが在籍しています。楽隊の礼装はほかの礼装よりはるかに華やかで、特筆すべきはアイリッシュ連隊のドラマーが着る白黒のパターンを一面にあしらったチュニックと、真紅のベルベットに煌びやかな金の刺繍を施した王室騎兵楽隊のステイト・コート。楽隊員は入隊後、音楽実習を受ける前に兵士としての基本トレーニングを受け、必要に応じて軍の医療部隊補佐として活躍します。

045

> 海軍（海兵隊）の
> 軍楽隊

もとは楽譜入れだった白いバッグ。今は礼装の一部で飾りです。

大太鼓を担当する兵士は虎皮模様の上着を着ます。

軍楽隊のリーダーであるドラム・メイジャー。バトンを片手に行進します。

海軍（海兵隊）のメモリアルサービスで、ロンドン塔を背に演奏する軍楽隊。

濃紺の礼装で多彩な演奏を

　独自の音楽学校で18歳から28歳までの優秀なミュージシャンを養成する海軍（海兵隊）の軍楽隊。行進曲からダンス音楽まで、どんなジャンルもこなす、世界で最も多様性に富んだ軍楽隊のひとつといわれています。楽隊は5つに分かれていて、国内外の公式行事のほかに国内で一般観客向けのコンサート活動も行います。礼装は濃紺のチュニック・スーツで、ズボンには赤い線が入っています。チュニックは赤い襟と袖に金の縁取り、縁の広い白いヘルメットが特徴です。担当楽器とランクにより、腕章に太鼓やラッパのマークがつくことがあります。実践任務は病院設備搭載船で負傷者の介護をする衛生兵です。

空軍の軍楽隊

楽譜を見ながら演奏する楽隊員。右肩には空軍のプロペラマークが。

バトンを持ったドラム・メイジャーが軍楽隊を先導します。

礼装と同系色の楽譜を見ながら演奏。金の装飾が華やかさを引き立てます。

入隊には高度な演奏能力が必要

　金色の装飾をあしらったブルー・グレーのチュニック・スーツに青か赤の羽根を刺した黒い帽子。この姿で行進するのは空軍の軍楽隊。楽隊は3つに分かれていて、おもに公式行事で演奏するほか、国内外のコンサート活動も活発です。さらに小さなユニットに分かれてダンス音楽、ジャズやクラシックなどもこなし、BBCオーケストラとのコラボなども。楽隊員になるためには英国の音楽大学入試に匹敵する上級検定レベルが必要で、29歳までは試験を受けられます。入隊すると、まず9週間の実践訓練を受けます。任務は戦地での医療サポート。負傷兵を担架で運んだり病院設備の警備をしたりします。

Column　Yeoman Warder ［ロンドン塔衛兵］

ロンドン塔の衛兵は、元兵士

ロンドン塔の前で観光客のためにポーズをとります。

{ 別名、ビーフィーター }

衛兵の役目はロンドン塔の警護ですが、塔内のガイドをするほか、守衛長は毎晩、門に鍵を掛ける「キー・セレモニー」という儀式を執り行います。彼らの普段の制服は、濃紺に赤の縁取りの上着に、同色のズボンとお揃いの帽子ですが、女王の公式誕生日パレードや戴冠式など限られた公式行事の日には、赤地に金と黒の装飾を施した礼装で登場します。胸に書かれた「ER」の文字はエリザベス女王を意味したラテン語で、Elizabeth Regina（エリザベス・レジャイナ）の略。上着の下にはなにを着てもよく、

牢獄に相応しく、
分厚い壁で覆われたロンドン塔。

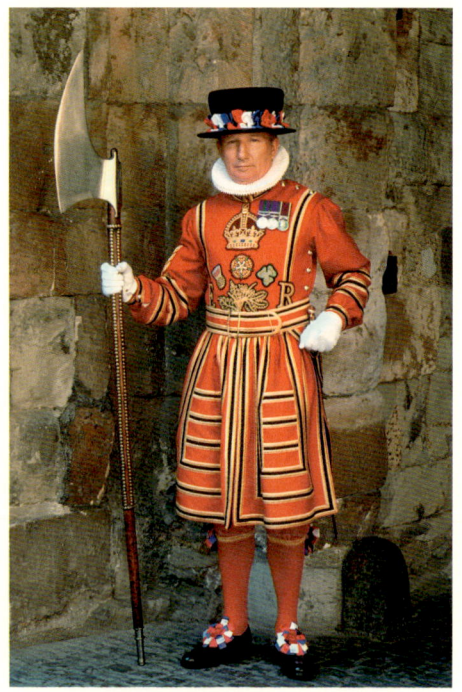

年に数回だけ見ることができる特別な礼装。

優秀な軍人であったことを示す左胸のリボン。

　暖かい季節はTシャツ、冬はフリースなどを着るそうです。
　ロンドン塔の衛兵は、ビーフィーターとも呼ばれますが、それはかつて報酬の一部として牛肉を与えられたためだという説があります。
　英国陸軍、空軍、あるいは海兵隊員として22年以上勤務し、勤労賞のメダルを与えられた兵士だけが、ロンドン塔の衛兵になることができます。
　英国王族の公式ボディガード、ヨーマン・オブ・ザ・ガードと礼装がほぼ同じであるため混乱しがちですが、じつは所属も役目も違います。

Sports Uniforms
スポーツのユニフォーム

英国らしいファッションで行われるスポーツ、というものがあります。
ここではその代表格でありながら、日本では少々マイナーな、
クリケット、ポロ、そして乗馬のファッションを中心に紹介していきます。

英国発祥のスポーツの代表格はフットボールやラグビーですが、そのユニフォームはカジュアルで機能的になり、今では英国らしさは感じられない気がします。そんななか、伝統を感じさせてくれるスポーツファッションもいくつか残っています。カラフルなユニフォームがメジャーになりつつも、代表的な公式試合では白のウェアが義務付けられている英国の国技といわれるクリケット。王室やセレブに愛好家が多く、シャツの名前の元となったポロや、その姿から表れる品格も競技の一部に感じられる乗馬などです。これらは英国の風物詩のようにすら感じられます。時代の流れはあれど、残してほしい伝統です。

Polo
ポロ
→ P. 054

Cricket
クリケット
→ P. 052

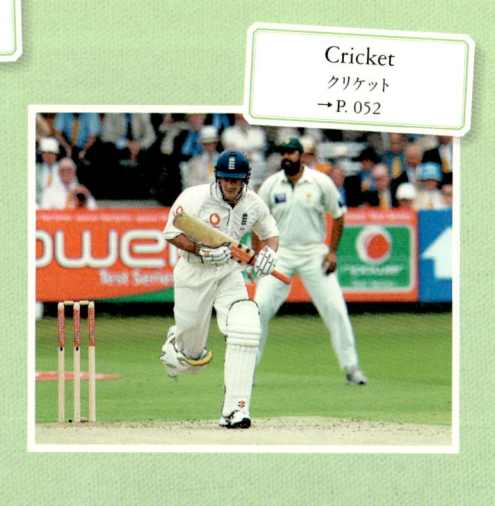

Horse Riding
乗馬
→ P. 056

Tennis
テニス
→ P. 058

Cricket
クリケット

英国の国技といわれ、競技人口も多く、野球の原型とされるのがクリケットです。
クリケットを知らない人には、英国のテレビや映画で目にする、
緑の芝の上での白いユニフォーム姿が印象的なのではないでしょうか。

クリケットでは、このスタイルで前後にあるウィケットという3本の杭のあいだを走って往復しなければなりません。

柔道着にカラーが登場したように、今ではクリケットにもカラフルなユニフォームが増えました。

肌寒いときはベストなどを
重ね着します（左）。
守備はグラブなしの
素手でボールを
キャッチします（右）。

テストマッチでは白を着る

　英国を代表するスポーツ、クリケット。投手、打者、捕手、守備のメンバーがいるのは野球と同じ。そして打者が球を打って得点に繋げるのも同じです。そんなクリケットで目を引くのは、やはりユニフォーム。最近はカラフルなものも増えてきていますが、基本は白。数日に及ぶ最も格式の高い国際試合、テストマッチでは白のユニフォームを着ます。襟付きのシャツにズボン、帽子、グローブやプロテクターも白で、寒くなればVネックのライン入りの白いベストかセーターを着ます。実際は激しい試合もこのスタイルで行われると優雅な雰囲気に。試合によってはランチやお茶の時間があるのも英国らしいです。

Polo

ポロ

しばしば「馬上のホッケー」と称される、ポロ。馬を操りながら、スティックで相手チームのゴールを狙う高度な技術を要するスポーツです。また誰もが知っている「ポロシャツ」は、このスポーツの名前が由来です。

馬を駆りながらボールを追う、颯爽としたスポーツ、ポロ。

馬の足にもちゃんとプロテクターを。
馬も競技のメンバーです。

遠目でもチームの違いがわかりやすい、
はっきりとした柄のポロシャツ。

馬に乗りやすく、動きも敏捷に。そのニーズに応えたユニフォーム。

ポロから広まった「ポロシャツ」

　王室をはじめ、上流階級に愛好家が多いといわれるポロ。各チーム、4人ずつで行われるこの競技は、馬術のテクニックを駆使し、さらにボールを追い、マレットと呼ばれるスティックを握っての攻撃もしなければなりません。ポロをするときのスタイルは、頭にはヘルメット、下半身は乗馬用のズボンに革のブーツ。上半身は襟付きの綿シャツ。シャツはこのスポーツで着たことから、その後「ポロシャツ」と呼ばれるようになりました。今ではテニスやゴルフの試合、そしてカジュアルファッションのアイテムとしてすっかり定着しています。このスポーツは、ラルフローレンのロゴマークにもなっています。

Horse Riding
乗馬

幼い頃から子供向け乗馬クラブや教室で、馬に親しむ英国人。
大人も子供も参加できるアマチュア向け競技からプロの大会までたくさんあり、
ライダーたちは礼装で身を引き締めて挑みます。

赤いショー・ジャケットと白いブリーチズ（乗馬ズボン）姿で、障害をジャンプするプロ選手。

紺色の競技ジャケットに
ストック・タイがエレガント。

アマチュア競技には、冬になるとツイードのジャケットも登場します。

フォックス・ハンティングのデモンストレーションで、
ビーグル犬を誘導する赤いハント・コート姿のハンツマン。

アマチュアの馬術試験や競技には、
紺色の競技用ジャケットが
好まれます。

エレガントな乗馬の礼装

　乗馬ファッションには安全のために身につけるものと、英国馬術協会の規定により競技に着用しなければならない礼装があります。ヘルメット、乗馬ズボン、あぶみに足を安定させるためのかかと付きブーツの3点はつねに必要。馬上馬術や障害飛越競技のときはこれに各種競技用ジャケット、白いシャツに白のスカーフかネクタイ、白の乗馬ズボン、そして手袋が加わります。競技用のつば付きヘルメットは表面がベルベット、靴は黒のロングブーツです。オリンピックなどレベルの高い馬上馬術大会では、さらにエレガントなトップハットとテイルコートを。背筋を伸ばして馬を操る姿は上品そのものです。

Tennis
テニス

今やカラフルで、ファッショナブルなテニスウェアが主流になっています。
そんななか、「白」のイメージを大切に守っているのは、
有名なテニスの四大大会(全豪、全仏、全英、全米)のひとつ、ウィンブルドンで行う全英です。

英国人の期待の星、アンディ・マレー選手。ウィンブルドンでの優勝は悲願。
Clive Brunskill/Getty Images

グリーンの芝には、
やはり白のユニフォーム！

Clive Brunskill/Getty Images

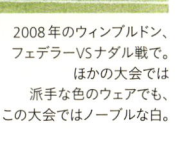

2008年のウィンブルドン、
フェデラーVSナダル戦で。
ほかの大会では
派手な色のウェアでも、
この大会ではノーブルな白。

シューズもリストバンドも白。

2009年から屋根付きになった、センターコート。

「白」にこだわるウィンブルドン

　テニスの四大大会のなかで、最も古く由緒ある大会が全英オープン。この大会はほかの大会と比べ、ウェアにちょっとうるさいのです。ほかの大会では個性的な青や緑のカラフルなテニスウェアを着用する選手が目立ちますが、ウィンブルドンにはホワイト・ルールというものがあり、選手は皆、白を基調としたウェアを着ます。かつて、紳士のスポーツと呼ばれた名残でしょう。四大大会唯一の緑の芝コートの上では、とてもよく映えます。ちなみに、テニスファッションを定着させたのは、今やファッション・ブランドとして人気を誇るフレッド・ペリー。彼は1930年代に大活躍した英国のテニス選手でした。

Fishing
釣り

英国の田舎での釣りは、時代を超えた自然との触れ合い。
最近では、防水や機能性に優れたウェアもたくさんありますが、
絵葉書で見たような昔ながらの釣りファッションを愛する人もいます。

キャリアたっぷりの釣り人は、
体型に関係なく、
このスタイルがとても馴染んでいます。

昔ながらの
釣りファッションで、
トータルコーディネート。

クラシックな釣りのスタイル

　スコットランドのボーダー地方を流れるツイード川周辺で作られたことが名前の由来とされる、ツイード織り。このツイード製のジャケットとニッカボッカのスタイルは、今は少数派ですが、スコットランドの田舎で川釣りをしている人のなかに見かけることがあります。現代的な釣りファッションに交じって、こういったクラシックなスタイルを好むのは、年配の釣り人。昔から着て馴染んでいるせいか、その姿も自然です。

美しい川釣りの風景。

Shooting
射撃

上流階級に愛好されるスポーツゆえ、ファッションも重要な要素です。
野外に出るときも伝統を感じる専用のジャケットを着て、
ネクタイを締め、帽子をかぶったおしゃれで決めています。

英国をはじめとして
ヨーロッパには、
射撃や狩猟用の
スーツ専門のテイラーが
いくつもあります。

アウトドアスポーツとはいえ、
きちんとネクタイを着用。

影響を与える伝統のファッション

　動物愛護の国である一方、王室、上流階級は狩猟をたしなみます。射撃は野や山でのアウトドアスポーツでもあるのです。そのファッションは時代遅れのような気もしますが、英国・ヨーロッパには現在も専門ショップがあり、生地からオーダーする顧客がいます。また狩猟から生まれたファッションは、今もその影響があり、一例として「ハンチング帽」は、従来の目的のみならずストリート・ファッションとしても幅広く愛されています。

草むらでも歩きやすいよう、
膝下丈のニッカボッカをはきます。

061

Column Henley Royal Regatta ［ヘンリー・ロイヤル・レガッタ］
カラフルなクラブ・ジャケットの競演！

{ ボートレースで夏を楽しむ }

ウィンザー城にほど近いヘンリー・オン・テムズという場所で、5日間に渡り繰り広げられる有名なボートレース。オリンピック・メダリストからイートン・コレッジの学生まで、国内外の強豪選手たちが厳しい訓練の成果を競います。レースはほぼ10分おきで、つねに2艘の一騎打ち。しかし、勝負に挑む選手たちの真剣さとは裏腹に、観客たちの楽しみは、なんといっても好みの酒と肴で、悠々自適に観戦を楽しむことにあります。川沿いのバーでピムズ（英国の夏のカクテル）を飲む人、企業が招

待客に食事や飲み物を振舞うホスピタリティー・テント。そして、自分のボートで水上から観戦する人たちがいかに多いことか！レースコース沿いに所狭しと、そんなボートが列を成します。

　このレースが有名な理由はもうひとつ。それはカラフルなローイング（ボート漕ぎ）・クラブのクラブ・ジャケットです。どのクラブにも独特なジャケットがあり、出場選手も出場しないクラブ・メンバーも、誇りを持ってこのジャケットを着て集まり、とても華やか。観戦場所によってはドレスコードがあり、女性は膝下丈スカート、男性はジャケットとタイがお約束です。

Other Uniforms
その他の制服

英国のさまざまな制服は、伝統的なものから、機能的で新しいデザインのものへと変化してきています。そのなかには時代の波間に消えてしまいそうなもの、現代ファッションと共存するものもあります。

　　英国では時代錯誤かと思えるような制服が、現在も現役で存在していて驚くことがあります。たとえば裁判官や弁護士。白く波打つ巻き毛のかつらに修道僧を思わせるような制服で、今も一部の裁判が行われています。また、あえてクラシカルな伝統スタイルで英国らしさを強調する、老舗ホテルのドアマンの制服は観光客に人気があります。英国北部、スコットランドの民族衣装のキルトは、結婚式や卒業式といったお祝いの席には欠かせません。キルトを着用すると、民族意識が高まるようです。カジュアルに着こなすことで、若者にも幅広く受け入れられています。

Barrister
法廷弁護士
→ P. 068

Judge
裁判官
→ P. 066

Police Force
警官
→ P. 070

Doorman
ドアマン
→ P. 072

Other Uniforms

065

Judge
裁判官

2008年10月から、民事裁判では多くの裁判官が新デザインのガウンを着るようになりました。
しかし、今も中世の絵画から抜け出してきたような重々しいかつらと
色鮮やかな礼装で執務する裁判官もいます。

紫と黒は巡回裁判官。このスタイルは儀式用です。
Tim Graham/Getty Images

伝統儀式で一般の人も見られる、長いかつら、ガウンの上にケープをつけた高等法院裁判官。
Cate Gillon/Getty Images

ベティ・ジャクソンがデザインした最新タイプの裁判用略式礼装。

ロンドンには、裁判官の礼装を扱う店があります。

高等法院の裁判官。裁判では短いかつらを着用。

Other Uniforms ❦ Judge

伝統の「赤い裁判官」も健在

　現在はモダンなガウンにモデルチェンジし、かつらもかぶらなくなりましたが、一部の地位の高い裁判官たちは伝統的な装いで刑事裁判を行います。

　高等法院の裁判官はかつらをかぶり、白い二股の襟、その上に印象的な真っ赤なガウンを着ます。刑事法院や州裁判所の巡回裁判官は紫と黒のガウンで左肩に赤い肩掛け、二股襟とかつらを着用。民事裁判では肩掛けは紫で二股襟とかつらのない略式を着用します。

　毎年10月1日の伝統儀式では、ウェストミンスター大聖堂の前を数百人の裁判官がお揃いのケープ、半ズボン、タイツとバックル付きのエナメル靴で行進するのを見物できます。

067

Barrister
法廷弁護士

英国では弁護士の役割が分かれていて、法廷被告人の弁護をするのは法廷弁護士（Barrister／バリスター）。礼装は黒のスーツに長い前開きの黒いガウン、白いシャツに二股襟と短いかつらです。

自宅で笑顔を見せる、法廷弁護士のノーラン氏。

黒の3ピース・スーツに白いシャツ、その上にガウンを。
二股襟は紐かゴムで首の後ろで留めるようになっています。

高価なかつらやガウンは弁護士だった
父親から受け継ぐということもあり、
ステイタス・シンボルになるようです。

変わりゆく礼装

　最高裁判所と枢密院、裁判官が礼装する刑事裁判では礼装で弁護しますが、裁判官同様、2008年10月の制服制度改正以降、民事裁判ではかつらを着用しなくなりました。

　法廷弁護士はかつらとガウンの持ち運びに自分のイニシャルを刺繍したブルー・バッグという青い紐付きの袋を使い、馬毛でできた繊細なかつらは蓋に自分の名前を入れた黒と金のエナメル仕上げのケースに保管するのが慣わしです。弁護士でも特に格の高い勅撰弁護士（ちなみにブレア元首相の妻シェリーさんがそうでした）は、袖の長い黒い絹のガウンを着用。礼装には襟の後ろにロゼッタがついた黒のガウンに長いかつらをかぶります。

Police Force
警官

ロンドンの観光名物でもある黒いヘルメットの制服警官。
警棒以外の武器は持たず、テロや銃器犯罪には特別武装部隊が出動します。
首都警察と一部の地方警察は、騎馬警官部隊を抱えています。

制服警官

黒いヘルメットで
歩行警備を。

防弾チョッキを着た警官。
女王が参列する公式行事の護衛に。

警帽をかぶったロンドン首都警察の警官。

一部の特殊訓練を
受けたチームを除き、
普通の警官は
銃を持ちません。

騎馬警官

高い位置から
パトロール
できるのが利点。

左手の赤いバンドの
ヘルメットは
ロンドン市警察。
右手の白黒は
ロンドン首都警察。

両端はリバプール市のマージーサイド、中央のふたりはロンドン市警察の騎馬警官。

役割も制服も違うロンドンの警察

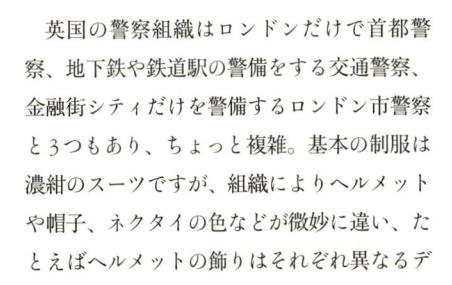

　英国の警察組織はロンドンだけで首都警察、地下鉄や鉄道駅の警備をする交通警察、金融街シティだけを警備するロンドン市警察と3つもあり、ちょっと複雑。基本の制服は濃紺のスーツですが、組織によりヘルメットや帽子、ネクタイの色などが微妙に違い、たとえばヘルメットの飾りはそれぞれ異なるデザインです。またヘルメットをかぶるのは歩行警備を行う男性の警官だけで、車で移動して警備をする警官は警帽を着用します。日本人から見ると珍しいのですが、ロンドンでは馴染みのある騎馬警官は、高い目線と小回りが利く点を利用し、フットボール会場など人出の多い場所や市内警備にあたります。

Doorman
ドアマン

高級ホテルや老舗店舗の前に立ち訪問客を手助けし、
好印象を与えるのがドアマンの仕事。店の看板に相応しい気品ある制服姿で
ドアを開けてもらうと、まるで貴族になったような気がします。

ボンド・ストリートそばのバーリントン・アーケード。

歴史あるリッツ・ホテル。

ハロッズはお馴染みの
グリーンの制服。

セレブもよく利用する
ドーチェスター・ホテル。

保険の発祥地、
ロイズ・オブ・ロンドン。

100年以上の歴史を持つ
プライベート・クラブのRAC・クラブ。

ブラウンズ・ホテルの入口。

Other Uniforms

❦ Doorman

制服姿で来客を迎える伝統の職業

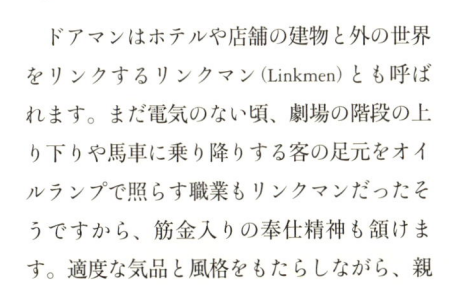

ドアマンはホテルや店舗の建物と外の世界をリンクするリンクマン（Linkmen）とも呼ばれます。まだ電気のない頃、劇場の階段の上り下りや馬車に乗り降りする客の足元をオイルランプで照らす職業もリンクマンだったそうですから、筋金入りの奉仕精神も頷けます。適度な気品と風格をもたらしながら、親しみやすさを与える制服は、長いジャケットかテイルスーツの3ピース・スーツとトップハットが定番。なかにはハロッズのように制帽をかぶる店もあります。好まざる客がくると丁重に引き取ってもらう警備員的な役割や、訪問客の案内も兼ねており、英国の老舗の伝統には欠かせない職業のひとつです。

073

Column Scottish Kilt ［スコットランドのキルト］
スコットランドの民族衣装

バンド演奏のために田舎にやってきた先生と生徒のグループ。
キルトを制服に取り入れている学校もあります。

スコットランドの各種イベントに、
バグパイパーはつきもの。

ケイリーと呼ばれる
パーティーで踊るキルトの男女。

着こなしもいろいろ

キルトは、一見するとウール製のタータンチェックのプリーツスカート。英国北部、スコットランドの男性の民族衣装で、1594年には文献に登場していたとか。恰幅のいいバグパイパーのキルト姿は、ガイドブックなどで見たことがあるでしょう。このキルトは、装いのバリエーションが豊富です。フォーマルなものは、短い上着にシャツ、ネクタイを締めてキルトを巻き、大ぶりのピンで留めます。そしてスポランというポーチに似たバッグ状のものを身につけ、ホーズ（靴下／P141）に紐をくるぶ

バグパイパーのふたり。
キルトは恰幅のいい人のほうが
似合うといわれます。

現代風にアレンジした
着こなしのキルト。
個性的なおしゃれに。

ハイランドゲームスという、スコットランドのイベントでの競技。
全員、キルトで参加。

スコットランドの
大学の卒業式では、
ガウンにキルトが
正装です。

し近くで縛る靴、ギリー・ブローグを履きます。スコットランド出身者は、このキルトに誇りを持っています。キルトのチェックの配色は先祖伝来のもので、日本の家紋に通じるところがあります。スコットランドの軍隊の一部はキルトを着用し、エディンバラ城では現在、オリジナルのキルトを着たガイドが働いています。また、結婚式や卒業式などの集まりにキルトで出席する人は多く、フットボールやラグビーのスコットランドチームの応援のときには、上はユニフォームやスポーツ・シャツ、下はキルト姿というように、仲間同士で揃えて出かけることもあります。

Uniform Watching

School Boys
学生服を「見るならココへ」

クラシックな学生服を見たい人におすすめなのはこちら。
休み時間や放課後に、制服姿の男子学生が現れます。

イートン・コレッジ Eton College

カフェから制服ウォッチング

　ウィンザー城のお膝元という場所のせいか、観光客が目につくイートン・コレッジ周辺。駅から学校へ通じるハイストリート沿いにはカフェやみやげもの屋、書店やギャラリー、そして制服の仕立て屋などもあります。授業の合間には、ちょっとした買い物をするためにやってくる学生や先生がこの通りを行き来します。テイルコートの男子学生たちと街並のコントラストは独特で、カフェからその姿を眺めるのも楽しい。また、イートン・コレッジのミュージアム以外にも、イートン・グッズや制服関連のおみやげ(学生用のカラフルなソックスや帽子など)を買うこともできます。

Access
＊鉄道 Windsor & Eton Riverside か
Windsor & Eton Central 下車。

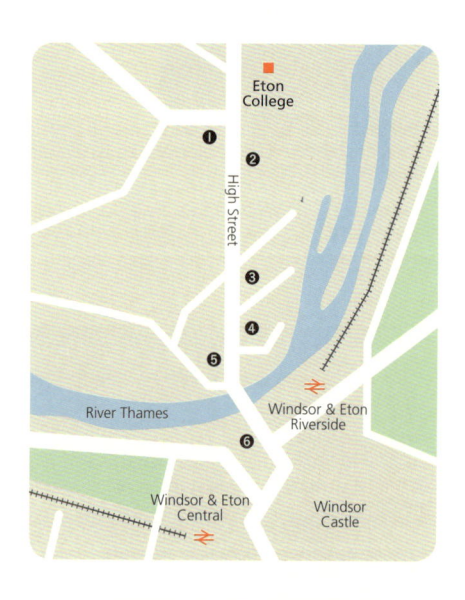

❶ **Eton Sports**
スポーツ用品専門店。スポーツに熱心な学生たちのお気に入りのお店です。
127-128 High Street,
Eton SL4 6AR

イートン・コレッジのボート用ブレザー。

カラフルな
イートン・コレッジのネクタイ。

❷ **Welsh & Jefferies & Weatherill Bros**
イートン・コレッジの制服を取り扱うテイラーのひとつ。
13-14 High Street, Eton SL4 6AS

❸ The Henry VI
37 High Street, Eton SL4 6BD

❹ The New College Pub
55 High Street, Eton SL4 6BL

休み時間に買い物にきた
学生に遭遇できるかも。

❺ Tastes Delicatessen
92 High Street, Eton SL4 6AF

このデリカに、
お醤油を買いにきた
イートン・コレッジの
先生に遭遇。

❻ Olivia
49 Thames Street, Windsor SL4 1PU

ハーロウ・スクール　Harrow School

登下校の姿をキャッチ

　すぐ近くにショッピングエリアも映画館もありますが、そこにはハーロウ・スクールの学生の姿はありません。ハーロウ・オン・ザ・ヒルという小高い丘の上に、学校、寄宿舎、教会、図書館などの学校施設がまとまっているので、登下校する学生をこの丘でウォッチングしたあとは、丘の周りの散策がおすすめ。学校の脇には、制服や文房具を販売するショップもあります。

Harrow School Outfitters
ハーロウ・スクールの制服ショップ

Access
32 High Street, Harrow on the Hill HA1 3LH
＊地下鉄 Harrow-on-the-Hill 下車。

クライスツ・ホスピタル　Christ's Hospital

学校のイベントをチェック

　この学校は私有地の奥にあり、学生が制服姿で校外に出てくることはほとんどありません。珍しい彼らの制服姿を直接見ようと思ったら、学校のウェブサイトをチェックして学校主催の音楽会を聴きに行きましょう。また、ロード・メイヤーズ・ショーや大きなスポーツ大会のイベントにバンドが出演しているときもねらい目です。
www.christs-hospital.org.uk/40-school-box-office.php

Foot Guards & Household Cavalry
近衛歩兵と王室騎兵の礼装を「見るならココへ」

ロンドンでは毎日、近衛歩兵や王室騎兵の交代式が行われています。
また周辺には、それぞれの礼装が詳しくわかる博物館もあります。

軍服を見るなら交代式へ

　ロンドンの観光名所で、エリザベス女王のロンドンの公邸・バッキンガム宮殿。宮殿見学をするなら、ぜひ衛兵の交代式も。毎時間の交代もありますが、人気はやはり午前11時からのセレモニーです。バッキンガム宮殿で警備をしている近衛歩兵が、ウェリントン・バラックス（隊の駐屯地）、セント・ジェームス宮殿の衛兵と入れ替わります。バッキンガム宮殿前は交代時間が迫ると人だかりができるので、いいポジションで撮影したい人は早めに現地へ。

　一方、近衛歩兵の交代式よりはマイナーですが、王室騎兵も1時間ごとの交代のほかにセレモニーがあり、それはセント・ジェームス・パークを挟んで、バッキンガム宮殿の反対側のホースガーズ・パレードで行われています。馬も動きを乱さず指揮に従います。セレモニーのあと任務を終えた騎兵たちはナイツブリッジにある王室騎兵隊のバラックスへ向かいます。

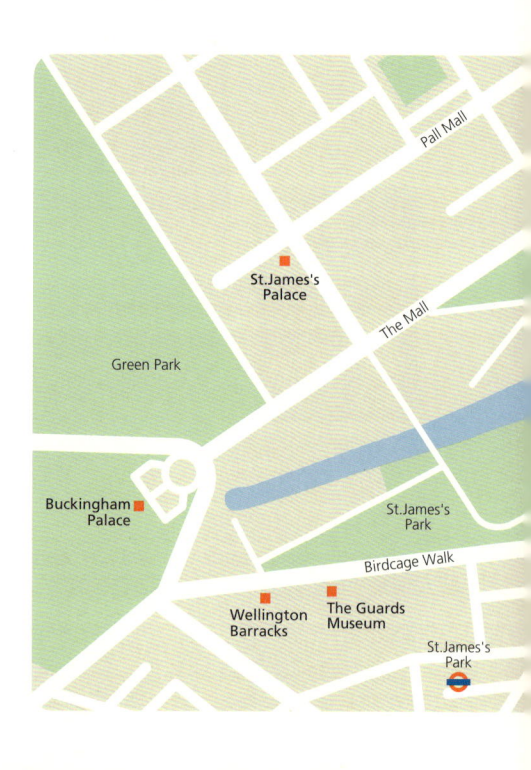

ガーズ博物館　The Guards Museum

　近衛歩兵たちのバラックスのとなりにあるのが、ガーズ博物館。歴代の近衛歩兵の礼装がずらりと並んでいます。ランクの高い士官の凝った装飾のある上着や、数々の勲章、各時代に使っていた武器や備品も展示。併設のショップには、各種の兵隊のフィギュアが多数あり、これを目当てにやってくる人もいるようです。

Access
Wellington Barracks, Birdcage Walk, London SW1E 6HQ
＊地下鉄 St. James's Park 下車。
www.theguardsmuseum.com/index.htm

入口には兵士の銅像。
軍用車が停まっていることも。

併設のショップには、
子供用のコスプレ衣装と帽子が。

Uniform Watching

礼装と
馬の美しさに
目を奪われます。

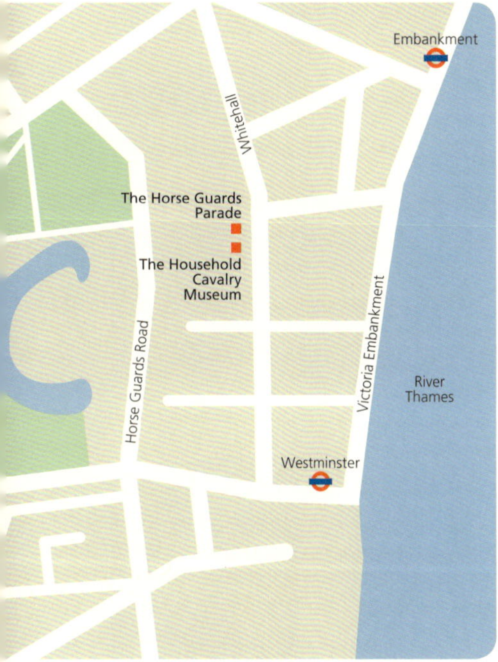

王室騎兵博物館
The Household Cavalry Museum

　歴代の騎兵たちの礼装が展示されている王室騎兵博物館。ぴかぴかに磨き上げられたヘルメットや甲冑など、歩兵よりも華やかなアイテムが多く、目を引きます。また、この博物館の一角からは、騎兵隊の大事なメンバーである馬が暮らす厩舎が見えるようになっており、馬と騎兵の触れ合う姿が見学できます。

Access
Horse Guards, Whitehall, London SW1A 2AX
＊地下鉄EmbankmentまたはWestminster下車。
www.householdcavalrymuseum.co.uk/

騎兵交代をする
ホースガーズ・パレード内に
博物館の入口があります。

凝った装飾のある礼装を
間近に見ることができます。

礼装でのパレードの集大成は、トゥルーピング・ザ・カラーで。

［その他の博物館情報］

❋ ロイヤル・マリン博物館（海軍）
（Royal Marine Museum）
Eastney Esplanade, Southsea, Portsmouth, PO4 9PX
＊ナショナルレイルPortsmouth Harbour Station下車。
（ロンドン・ウォータールーから約1時間40分）
www.royalmarinesmuseum.co.uk/

❋ ロイヤル・エアフォース博物館（空軍）
（Royal Airforce Museum）
Grahame Park Way, London NW9 5LL
＊地下鉄Colindale下車。
www.rafmuseum.org.uk/london/index.cfm

079

Sports Uniforms
英国のスポーツウェアを「見るならココへ」

英国らしいスポーツウェアの男子を見たい、という人はこちら。
テニスとクリケットは、それぞれの聖地と呼ばれる場所です。

ローズ・クリケット・グラウンド
Lord's Cricket Ground
世界のクリケット・ファンが集う

初めてクリケットの試合が行われたのがこの競技場。英国でクリケットをする人たちの憧れの場所で、クリケットのワールドカップは、英国開催時にはここで行われます。敷地内にはクリケット博物館や、ウェアや関連のおみやげが購入できるショップもあり、英国だけでなく、世界各地のクリケット・ファンがここを訪れます。

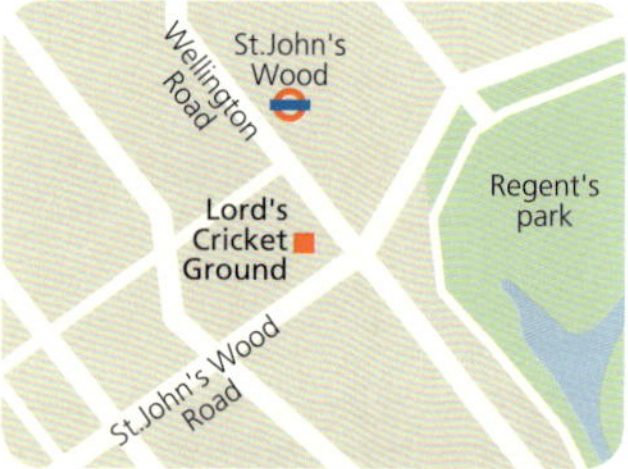

Access
St. John's Wood, London NW8 8QN
＊地下鉄 St. John's Wood下車。
www.lords.org/

ウィンブルドン
The All England Lawn Tennis & Croquet Club
日本人にも有名なウィンブルドン

日本人はウィンブルドンと呼びますが正式名称は「ジ・オール・イングランド・ローン・テニス・アンド・クロケー・クラブ」。試合がないときも、クラブ内のガイドツアーに参加したり、ウィンブルドンの歴史がわかる博物館、カフェなどに入れます。センターコート以外のコートでの練習風景は覗けます。

Access
Church Road, Wimbledon, London SW19 5AE
＊地下鉄Wimbledonからバス。あるいは徒歩で20分程度。
www.wimbledon.org/

[その他のスポーツ情報]

◉乗馬競技観戦情報
毎年行われるロイヤル・ウィンザー・ホース・ショーは、ウィンザー城のお膝元で女王陛下参列のもと繰り広げられる華やかな馬術競技大会。チケットはウェブサイトから購入可能。
www.rwhs.co.uk/

◉ポロ観戦情報
王室メンバーも出場する国際大会「カルティエ・インターナショナル・デー」を開催する代表的なポロ・クラブ、ガーズ・ポロ・クラブ。チケットはウェブサイトから購入可能。
www.guardspoloclub.com/

Uniform Watching

制服イベント・カレンダー

英国では毎月のように、制服で行う各種イベントがあります。無料で公開しているものも多いので、お目当ての制服が登場するイベントに出かけてみませんか？
＊スケジュールは、年ごとに変更する場合が多いのでウェブサイトで確認してください。

January

●モリスダンス、学校制服ほか
[1日／London]
New Year's Day Parade
（ニュー・イヤーズ・デー・パレード）
元旦に行われるロンドン市の新年パレード。
www.londonparade.co.uk/

February

●王立騎馬砲兵国王中隊による皇礼砲
[6日／London]
Accession Day Royal Gun Salute
（女王の即位記念日）
皇礼砲が日曜日にあたる場合は、その翌日に行われる。ほかの皇礼砲も同様。
www.army.mod.uk/artillery/units/kings_troop/4724.aspx

March

●モリスダンス
[3月もしくは、4月／London]
Oxford and Cambridge Boat Race
（オックスフォード・アンド・ケンブリッジ・ボート・レース）
有名な大学対抗ボートレース。ハマースミス橋の北西川沿いでレース中にハマースミス・モリスが踊る。
www.theboatrace.org/
www.hammersmithmorris.org.uk/

April

●王立騎馬砲兵国王中隊による皇礼砲
[21日／London]
Queen's Birthday Royal Gun Salute
（女王誕生日）
www.army.mod.uk/artillery/units/kings_troop/4724.aspx

●モリスダンス
[23日／London]
St. George's Day（セント・ジョージズ・デー）
イングランドの守護聖人セント・ジョージを讃える日。ロンドンのシティでモリスダンスのグループがパブツアーをする。
www.ewellmorris.co.uk/index.htm

May

●乗馬
[Windsor]
Royal Windsor Horse Show
（ロイヤル・ウィンザー・ホース・ショー）
女王参列のもとウィンザー城下で、数々の馬上競技が繰り広げられる。
www.rwhs.co.uk/

●近衛歩兵・王室騎兵・王立騎馬砲兵国王中隊・海軍・空軍・海外の軍楽隊ほか
[Windsor]
Windsor Castle Royal Tattoo
（ウィンザー・キャッスル・ロイヤル・タトゥー）
ロイヤル・ウィンザー・ホース・ショーのあとに同じ会場で行われる、軍楽隊による演奏パレードなど。
www.windsortattoo.com/

June

●王立騎馬砲兵国王中隊による皇礼砲
[2日／London]
Coronation Day Royal Gun Salute
（女王戴冠記念日）
www.army.mod.uk/artillery/units/kings_troop/4724.aspx

●近衛歩兵・王室騎兵の軍楽隊
[London]
Beating Retreat（ビーティング・リトリート）
ホースガーズ・パレードで軍楽隊が行進曲を演奏しながらマーチする野外コンサート。
www.army.mod.uk/events/ceremonial/3052.aspx

●海軍軍楽隊
[London]
Royal Marines Beating Retreat
（海軍ビーティング・リトリート）
ホースガーズ・パレードで海軍軍楽隊が行進曲を演奏しながらマーチする野外コンサート。
www.royalmarinesbands.co.uk/

●王立騎馬砲兵国王中隊による皇礼砲
[10日／London]
Birthday of HRH Duke of Edinburgh Royal Gun Salute
（エディンバラ公誕生日）
www.army.mod.uk/artillery/units/kings_troop/4724.aspx

●近衛歩兵、王室騎兵、軍楽隊、王立騎馬砲兵国王中隊による皇礼砲
[London]
Trooping the Colour
（トゥルーピング・ザ・カラー）
女王の公式誕生日。バッキンガム宮殿からホースガーズ・パレードまで女王を含む王室メンバー勢揃いのパレードを見ることができる。出発前のリラックスした近衛歩兵をガーズ博物館となりの Wellington Barracks で見ることも。皇礼砲はグリーンパークで行われる。
www.army.mod.uk/events/ceremonial/1074.aspx

●テニス
[London]
Queen's Club Championship
（クイーンズ・クラブ・チャンピオンシップ）
西ロンドンで行われるウィンブルドンに次いで賞金獲得額が高い、グラスコートのトーナメント。
www.queensclub.co.uk/

[London]
The Championship, Wimbledon
（ウィンブルドン選手権）
世界で最も名声高いグラスコートで行われるテニス・トーナメント。テニスの四大大会のひとつ、全英オープンテニスのこと。
www.wimbledon.org/

July

●ローイング・クラブ・ジャケット
[Henley on Thames]
Henley Royal Regatta
（ヘンリー・ロイヤル・レガッタ）
5日間の開催期間中、土曜日は特にカラフルなローイング・クラブのジャケットを着た男性が一堂に集まる。
www.hrr.co.uk/

●ポロ
[West Sussex]
Veuve Cliquot Gold Cup
（ヴーヴ・クリコ・ゴールド・カップ）
有名なシャンペンハウスが主催するポロ競技の試合。
www.cowdraypolo.co.uk/

[Windsor]
Cartier International Day
（カルティエ・インターナショナル・デー）
ウィリアム王子やヘンリー王子が出場することもある、ポロ競技の試合。主催はカルティエ。
www.guardspoloclub.com/the-events

●空軍
[Gloucestershire]
Royal International Air Tattoo
（ロイヤル・インターナショナル・エアー・タトゥー）
世界中から軍用機が集まる、世界最大規模の航空ショー。グロスターシャーの英国軍基地で行われる。
www.airtattoo.com/

August

●英国軍スコットランド連隊・海外の軍楽隊
[Edinburgh]
Edinburgh Military Tattoo
（エディンバラ・ミリタリー・タトゥー）
エディンバラ城内で開催される軍楽隊による演奏パレード。
www.edinburgh-tattoo.co.uk/

September

●海軍、海軍軍楽隊
[London]
Merchant Navy Day
（マーチャント・ネイヴィー・デー）
第一次・第二次世界大戦で戦死した海軍戦死者の追悼式。
www.mna.org.uk/Events.htm

October

●裁判官、勅選弁護士
[London]
Procession of Judges
（プロセッション・オブ・ジャッジズ）
英国司法年を祝う儀式に参加するため、裁判官と勅選弁護士がウェストミンスター寺院の前を行進する。
www.parliament.uk/about/how/occasions/lcbreakfast.cfm

November

●クライスツ・ホスピタル、空軍、
ロンドン市伝統礼装など
[第2土曜／London]
Lord Mayors Parade and Show
（ロード・メイヤーズ・ショー）
ロンドン市の市長パレード。伝統的な礼装が勢揃いの一大イベント。
www.lordmayorsshow.org/

●近衛歩兵、王室騎兵
[第2日曜／London]
Remembrance Day（リメンブランス・デー）
王室メンバー、英国首相参列のもと行われる第一次世界大戦戦死者の追悼式。
www.army.mod.uk/events/ceremonial/1069.aspx

●近衛歩兵、王室騎兵、軍楽隊
[11月か12月／London]
The State Opening of Parliament（国会開会式）
馬車に乗った女王がバッキンガム宮殿からホワイトホールを抜けて国会議事堂に到着するまでの華やかなパレードを見ることができる。
www.parliament.uk/faq/lords_stateopening.cfm
www.army.mod.uk/events/ceremonial/1073.aspx

December

●乗馬
[London]
The London International Horse Show
（ロンドン・インターナショナル・ホースショー）
国際レベルで活躍するプロからアマチュアまでが参加し、馬術競技を披露する室内イベント。会場には乗馬グッズの店が勢揃い。
www.olympiahorseshow.com/

その他

[London]
Lord's（ローズ）
クリケットのメッカ、ローズでは随時試合が行われている。19世紀から続くイートン・コレッジとハーロウ・スクールの対抗試合もある。
www.lords.org/fixtures/matches/

The Royal Courts of Justice（王立裁判所）
一般客も予約なしで弁護士と裁判官が礼装で執務する実際の裁判を傍聴できる。携帯電話禁止。裁判所には古い礼装の展示もある。
www.hmcourts-service.gov.uk/infoabout/rcj/rcj.htm

London Pride Morris Men
（ロンドン・プライド・モリス・マン）
4月から9月にかけて、ロンドン市内のパブでモリスダンスを踊る。
www.cix.co.uk/~antony/LPMM/shows.htm

[Scotland各地]
Highland Games（ハイランド・ゲームス）
5月から9月にかけてスコットランド各地で繰り広げられる丸太投げ、石投げなどの重量競技、ダンスやバグパイプ演奏などのイベント。キルト姿を見る絶好の機会。最も有名なのは、9月第1土曜日に行われるブレーマー・ギャザリング。
www.visitscotland.com/
www.braemargathering.org/

Lord Mayors Parade and Show
［ロード・メイヤーズ・ショー］
伝統的な礼装で行うロンドン市のイベント

パレードで金色の
馬車から顔をのぞかせる
ロード・メイヤー。

ロンドン市の同業組合の面々を乗せた馬車。

後を絶たない礼装の数に圧倒されます。

{ ロンドン市の礼装が勢揃い }

ロンドンは周辺地区を含め大ロンドンと呼ばれ、市長がいますが、ロンドン市はその中の行政区間のひとつ。大手銀行、証券、保険会社などが集まる金融街で「シティ」という愛称で親しまれています。ロンドン市は2.5km²ほどの地域で独自の警察組織があり、ロード・メイヤーと呼ばれる別の市長がいます。1215年以来シティの自治を認めてくれた君主に対し、毎年11月に王立裁判所で忠誠を誓い、華やかなロード・メイヤーズ・ショー（就任披露パレード）を行っています。仰々しい金色の馬車から赤いマントと羽根の

Uniform Watching

ロンドン市の警察本部長。後ろに王室騎兵の軍楽隊が見えます。

左から、現在は儀式上の任務のみ行う
コモン・クライヤー・アンド・サージェント・アームズ
(The Common Cryer and Serjeant-at-Arms)、
ソードベアラー(The Swordbearer)、シティ・マーシャル(City Marshall)。
それぞれ、ロンドン市市長に任命される。

市長の用心棒、パイクマン。

ついた三角帽で手を振るロンドン市長、それを中世の鎧姿で護衛する市長の用心棒パイクマン、市長の右腕ソードベアラーなど、歴史的に市長を支えてきた役職が今も儀式用に存続しており礼装で行進します。

パレードには本書でも紹介しているパブリック・スクールのクライスツ・ホスピタル、英国軍、同業組合をはじめ総勢6千人が参加、それもほとんどが礼装で行進する一大イベント。ひと目見ようと毎年50万人もの観光客が集まります。市長はシティで行われる女王陛下の晩餐会や国賓を迎える首相の夕食会のホストなど式典任務のほか、金融産業の海外向けPRなどの実務も行います。

Morris Dance
[モリスダンス]
イングランドの民族ダンス

グループにより、選曲も振りつけもまったく違います。

足に巻く鈴は、
メンバーのお手製(左)。
帽子にも
2色のリボン(右)。

{ 数種のスタイルを持つ民族ダンス }

モリスダンスはお揃いの民族衣装に身を包み、アコーディオンや笛、太鼓に合わせて踊る伝統的なフォークダンスです。発祥地域によって大まかにコッツウォルズ、ノースウェスト、ボーダー、ロングスウォルズ、ラパー・スウォード、モリーという6つの個性的なスタイルに分かれ、棒、剣やハンカチを小道具に使い、足にくくりつけた鈴を鳴らしながら踊ります。

繁栄と多産を願う古代豊穣神崇拝の儀式に由来するという説もありますが、実際には15世紀頃に娯楽として発祥したという説が

Uniform Watching

オックスフォードとケンブリッジ大学対抗ボートレースで踊るハマースミス・モリス。

メロディオンの音楽に合わせて。

棒、ハンカチ、剣を小道具に。

踊りのあとに記念撮影。皆、仲がいい。

　強いようです。
　英国中に数百のモリスダンス・グループがあり、祭りやイベントで踊ります。写真はハンカチと棒を使って踊るコッツウォルズ・スタイルのハマースミス・モリス。ダンスの種類は発祥地でさらに細かく分類され、コッツウォルズ周辺の村の名前がついています。このグループはメンバーが約25名、4つの村のダンスから30種類のダンスパターンをレパートリーとして持っているそう。グループは会費制で誰でも入会できます。英国でモリスダンスといえば「髭の男性」というイメージがあるそうですが、最近は女性のグループもあります。

087

Uniform Watching

Trooping the Colour
[トゥルーピング・ザ・カラー]
女王の公式誕生日を祝う

パレードのあとにバッキンガム宮殿のバルコニーに集まり、一般市民に姿を見せる王室メンバー。

馬車に乗ってパレードする女王陛下と夫のエディンバラ公。

義理の母親であるカミラさんと仲良く並んで手を振るウィリアム王子。

ヘンリー王子がこんなに近くで見られる、貴重なチャンス。

{ 18世紀から続く伝統 }

6月の女王の公式誕生日に行われる行事で、バッキンガム宮殿から儀式会場のホースガーズ・パレード入口までは一般観光客も見物できます。総勢2千人余りの近衛歩兵、王室騎兵、王立騎馬砲兵と軍楽隊が軍旗を先頭に分列行進を披露します。これは戦場で所属連隊の居場所がわかるよう、「軍旗(カラー)に集まる(トゥルーピング)」ことからはじまった伝統です。

儀式の入場券は入手困難ですが、本番前に2度行われる王族なしのリハーサルは、チケットが手に入りやすいようです。

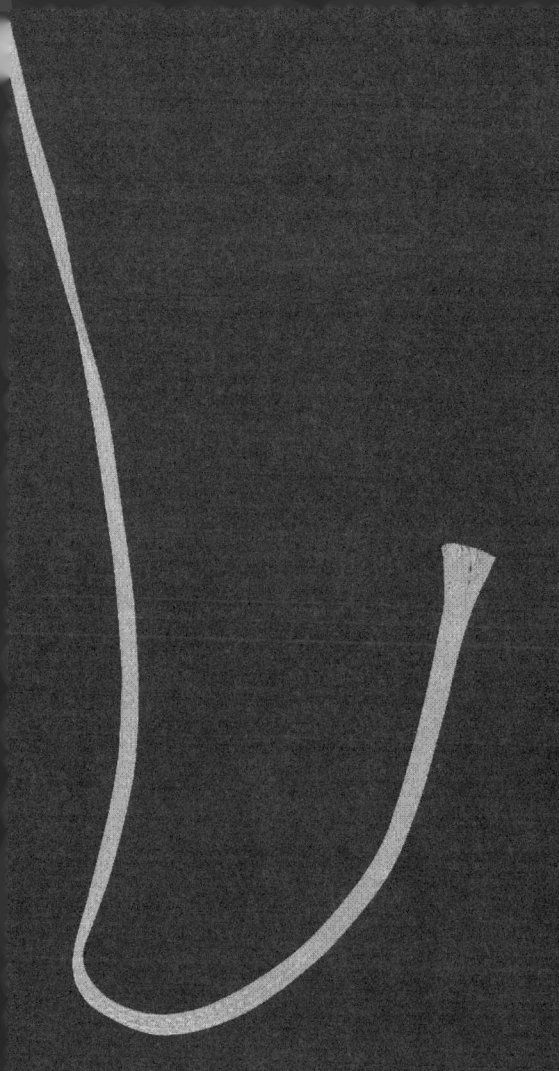

Chapter 2
References

Eton College
イートン・コレッジ

1900年代半ばあたりまでは、背の低い学生はイートン・ジャケットという丈の短いジャケットを着用していた。現在は、皆この後ろの長いタイプの上着になっている。

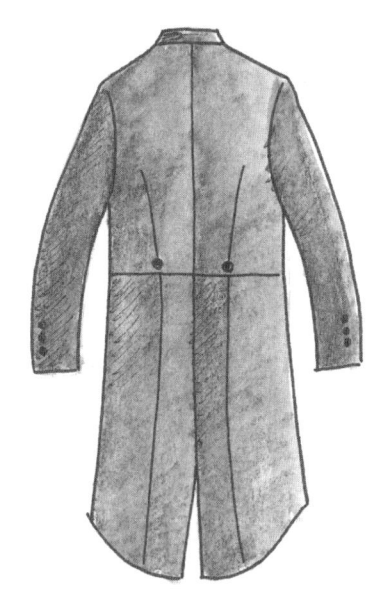

【上着】

前身頃は短く、後ろは長く、ツバメの尾のように見える上着、テイルコート（燕尾服）が印象的なイートン・コレッジの制服。これはイートン・コレッジに多大な貢献をしたジョージ3世の葬儀の際に喪服として着用した服が、現在に至るという説がある。ハーフ・チェンジと呼ばれる夏服の期間だけ、ブレザーを着用する。ブレザーはハウス（寄宿舎）に決まった色やデザインがある。またスポーツクラブのキャプテンは、スポーツ用ブレザーという独自のものが与えられ、それを着てもいいことになっている。キングス・スカラーと呼ばれる学費全額免除の特別奨学生（毎年10～15人の学年成績上位者）は、黒の長いローブを着る。

【ズボン】

テイルコートと合わせて着るズボンは、細いピンストライプ入り。ただし、POP（学内の一部のエリート学生）は、グレーの千鳥格子のズボンを着用する。ソックスは紺や黒を着用。

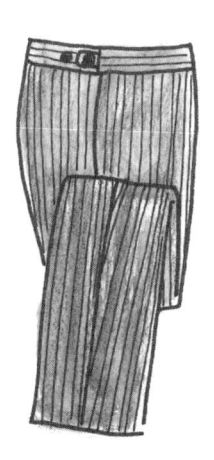

【イートン・カラー】

イートン・コレッジの制服の特徴のひとつが、丸まったタイ。タイ自体は細長い紐のような形で、これを装着するために、シャツの上に襟元の丸い付け襟イートン・カラーをつけ、その上にタイを留める。新入生はイートン・カラーにタイをきちんとつけるのに手こずるらしく、寮母に助けを求めるのだとか。

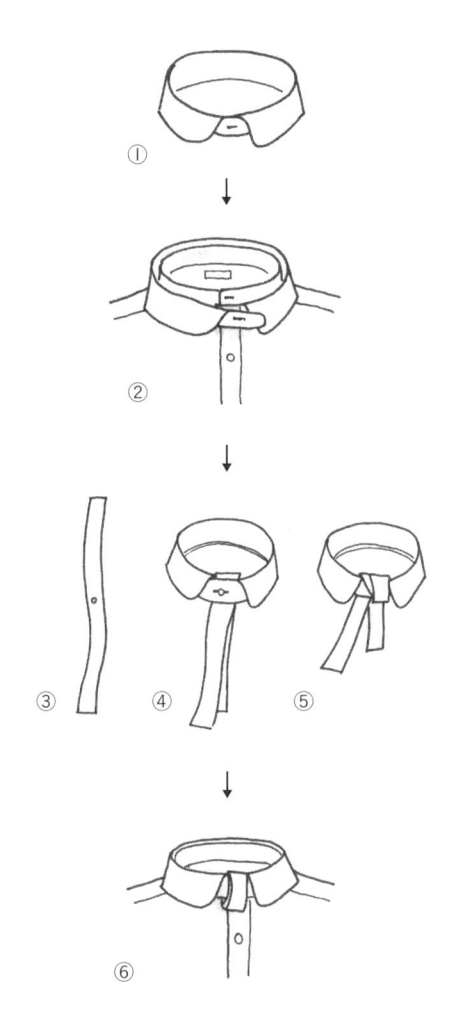

① → ② → ③ ④ ⑤ → ⑥

【シャツ】

一般学生は皆、襟なしの白いシャツ。襟首のところにはイートン・カラーと呼ばれる学校独自のカラー（coller/襟）をつける。ただし、一部の優秀な学生たちはボウタイをつけることができるため、それに合わせてウイングカラーという付け襟、またはウイングカラー付きのシャツを着る。

【ボウタイ】

一部のエリート学生に許されるボウタイ（蝶ネクタイ）。POP、ハウス・キャプテン（寄宿舎の監督生）、最上級生のスポーツ部のキャプテンなどがボウタイをつけられる。

一般学生（前）　　　　　一般学生（後ろ）

ユニオンジャックの柄　　　花柄

タータンチェック　　　　　水玉模様

【ウエストコート】

ウエストコートと呼ばれるベストは、一般学生は黒。ハウス・キャプテンはグレーの千鳥格子のものを着用する。また、キングス・スカラー、6年生（卒業年）の学生の中で選ばれた者だけが、銀のボタン付きのウエストコートを着る。さらにPOPは好きなウエストコートを着られるため、独自のデザインのものを仕立てる。過去の記念写真では、水玉模様やタータンチェック、花柄、留学生もいるため国のイメージカラーを使ったものが見られた。なかにはスーパーマンのSマーク入りや有名ブランド車のロゴなども。このウエストコートは、さながら10代で地位とセンスを手に入れた学生の象徴。王位継承権があり、まさに英国代表的存在のウィリアム王子は、ユニオンジャックの柄だった。

【スポーツ用ブレザー】

スポーツ用ブレザーには、各種スポーツのクラブや、寮独自のものがあり、レギュラー、二軍、一般学生用（体育の授業等）など、同じスポーツでも異なるブレザーが存在する。このブレザーは遠征試合に着たり、限られた学生のみ夏の制服として着たりする。

イラストはクリケットのブレザー。左は一般学生用で、右はクラブのもの。クリケット・クラブのウェアにもランクがあり、レギュラーでないと着られないものもある。ブレザーと帽子はセットになっていて、同じ色柄の帽子をかぶる。

【ボートの儀式用の上着】

フォース・オブ・ジューンに登場する10種のボートの数だけ制服がある。上着の型は基本は2パターンだが、ボタンの数が異なるなどの違いがある。ま

た、上着の中に着るシャツのボーダーやネクタイの色が違っていたりと、細かな点で差別化している。

【フラワーハット】
本来は、ボートの名前の入った麦わら帽子。これにたくさんの花を飾りつけてかぶる。飾りつけは、たいていは寮母に頼んでいるらしい。

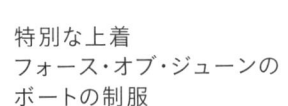

特別な上着
フォース・オブ・ジューンのボートの制服

　ジョージ3世の誕生日を祝う「フォース・オブ・ジューン (Fourth of June)」は6月第1週目の週末の前の水曜日に行われます。「プロセッション・オブ・ボート (Procession of Boats)」という儀式では学内から選ばれたボートの漕ぎ手が、300年前のデザインの上着（左ページ参照）を着てフラワーハットをかぶり、ボートを漕ぎます。このスタイルは、年に一度のこの日にしかしません。また、ボートにはそれぞれ名前があり、ボートごとに着る制服が違います。

　漕ぎ手は途中で立ち上がり、ウィンザー城の女王に、そして学校に対して敬意を表し、ボートを見守る学生や家族、教師たちの前で敬礼をする慣わしがあります。

【スポーツウェア】
パブリック・スクールのスポーツウェアはカラフルなものが多い。色とデザインの違いで能力のランク付けや、寄宿舎対抗で試合が行われるため、寄宿舎ごとに違う配色のウェアもある。スポーツウェアは、シャツ、帽子、ソックスがワンセットになって、クラブやチームのカラー・デザインが統一されている。

ラグビー
紺と水色の配色のウェア。同じ配色でデザイン違いが数種類ある。

フィールドゲーム
イートン・コレッジ独自のスポーツでフットボールに似ているが、ラグビーの要素もある。フィールドゲームのウェアはデザイン違いだけでなく、色が違うものも。これはオレンジと水色の組み合わせ。

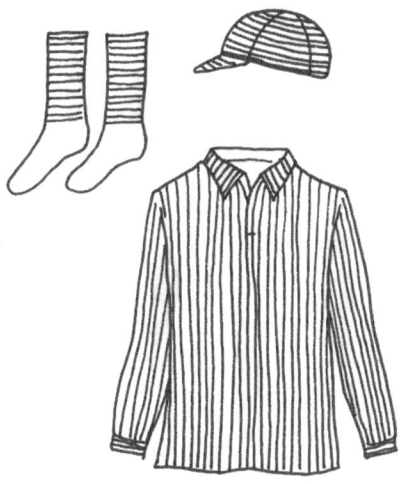

ウォールゲーム
これもイートン・コレッジ独自のスポーツで、壁に沿ったフィールドで、スクラムを組んで押し合いをする。ストライプのウェア。

イートン・コレッジと制服話あれこれ

イートン・コレッジは良家の子息が通うことで知られていますが、なかにはヨレヨレの制服を着ている学生がいて、見かけると「?」と思うかもしれません。これには、わけがあります。その学生の父親や祖父もイートン出身で、そのお下がりを着ているのです。制服にかける予算がないわけではなく、むしろ代々イートン出身者だということに誇りを持って着ているのであって、恥ずかしいことではありません。

入学時にはテイルコートの制服は2着揃えて、交互にクリーニングをしながら着るのが一般的のようです。1着を新品、もう1着をユーズドで揃える学生が多く、意外と堅実。テイルコート、ウエストコート、ズボンの3点セットのテイルスーツで、新品の既製品は180〜200ポンドくらいから。オーダーメイドの場合は、倍ではきかないほど高くなります。また卒業時には、1着は記念に手元に残し、残りは売ってしまう学生が多いのだとか。あのヘンリー王子の制服も、ユーズドで売りに出ていたそう!

また、一見同じように見える制服ですが、POP*と呼ばれるリーダー的役割を持つ、校長にも優秀と認められたエリート学生は、ウエストコートやズボン、タイなどがほかの学生と異なります。また、上着やタイについては、学業やスポーツで優秀な者のみに許されるアイテムもあります。これに加え、テイルコートではないハウス独自のブレザーがあったり、スポーツクラブの一軍、二軍で色の違うブレザーがあったりと、外部にはわからない制服による格付けが存在します。

＊POP＝学生や教師から人望があり、成績も優秀な25人のみ選ばれるエリート集団。校長の承認がないとPOPにはなれない。POPとして有名なのは、ウィリアム王子、ロンドン市長となったボリス・ジョンソンなど。

Christ's Hospital
クライスツ・ホスピタル

濃紺の長い上着、歩くたびにチラリと見える黄色い膝丈のソックス。1552年創立当時から、その長い上着はほとんど変化がなく、英国の学生服のなかでも、非常に印象的なデザインで目を引く。

【ブルーコート】

世界最古の制服といわれるクライスツ・ホスピタルの長い上着、ブルーコート。修道士のようなその姿は、学校制服としてはオリジナリティー抜群。入学時に貸与され、卒業時に返却することになる。

入学時に与えられ、ほとんどの学生が着るのはこのタイプのブルーコート。長さはくるぶしのところに届くくらい。ウエスト部分までついているボタンはシルバーで、学校の創立者エドワード6世の肖像が描かれているものが200年ほど前から使われるようになった。

最終学年のプリフェクト(監督生)になった学生や、2科目以上で優秀と認められるとボタンの数が増え、ウエストの下のほうまでついたブルーコートになる。また袖も通常のものと違い、ボタン付きのベルベットのカフスタイプになる。

【シャツ】
丸首で胸のあたりまでボタンがついている、いたってシンプルな白いシャツ。

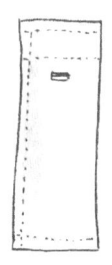

【タイ】
ボタンホールがあり、シャツに留めるタイプの白い長方形のタイ。通常は男子学生も女子学生もこのタイをつける。

【レースのタイ】
フォーマルなシーンにおいて、女子学生のみが着用する。大きさは2種類あり、プリフェクトはより大きなものをつける。

制服着用時のレースのタイ。

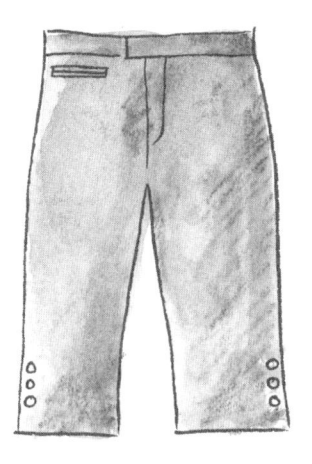

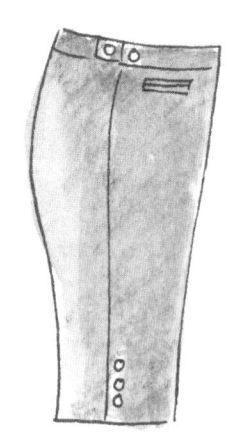

【ズボン】
ブルーコートと同色の
ズボン。膝くらいの丈
で、裾の両サイドにボ
タンがついている。

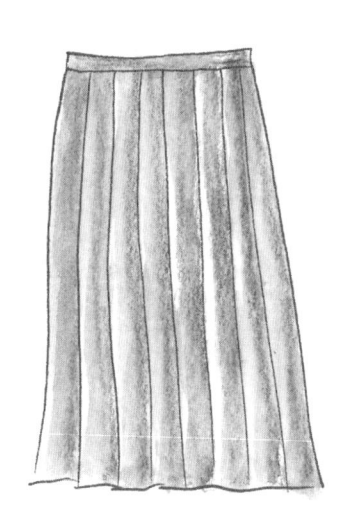

【スカート】
女子学生のブルーコートは短くウエス
ト丈。そしてズボンではなく、プリー
ツスカートをはく。通常は膝下くらい
の長さだが、特別なイベント時は、く
るぶしほどのロングスカートをはく。

【ベルト】

入学時に与えられる、シンプルな四角いバックルのベルト。これはブルーコートの上から着用。3年生になると、銀製の彫り模様の入ったバックルに替わるが、返却の必要はなく、自分のものになる。3年生以上になると、複数のバックルをつけたり、ベルトを捻り、結び目を作って締めたりと独自のおしゃれをする学生もいる。

入学時に支給されるベルト。

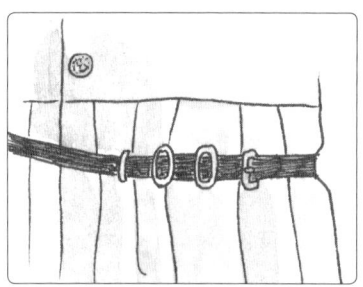

ベルト使いのバリエーション。

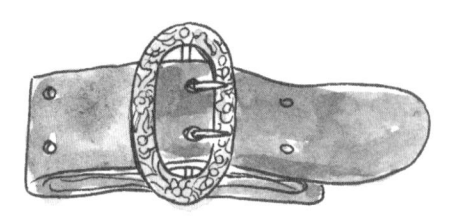

3年生になると、このバックルのベルトに。

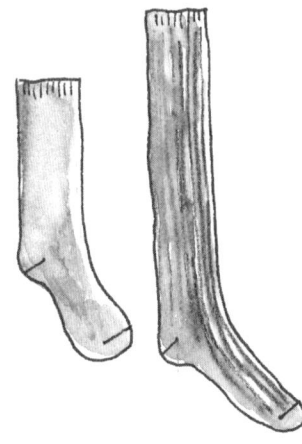

【ソックス】

鮮やかな黄色のハイソックスと決められている。ただし女子は、学年が上がると黄色かグレーのハイソックスの好きなほうを選んではくことが許されている。

クライスツ・ホスピタルと制服話あれこれ

　この学校の制服は入学時に貸与され、自腹で購入するのは靴くらい。制服は学期ごとにクリーニングしますが、汚してしまったら「制服部」で洗濯し、代わりの制服を出してもらいます。全寮制のため、下着やソックスなども「制服部」が洗ってくれます。

　1552年創立のこの学校は、ほかのパブリック・スクールとは異なり、あらゆる階層の家庭の子供たちが在学しています。英国最大級の教育チャリティ団体が学費を援助しているため、学費全額免除の優秀な奨学生が全体の20％もいます。正規の授業料（約18000ポンド）を収めている学生は、全体の3％未満。特別な奨学金を受けている学生は、胸に丸い銀色のブローチをつけています。

　教室や学校のダイニングルーム、ホールなどフォーマルな場では、ブルーコートを着用、つねにボタンはすべて留めておかなければなりません。ただし、寄宿舎の裏手など、インフォーマルエリアではボタンを外すことが許されています。また学校から正式に夏服のアナウンスがあれば、ブルーコートは着ないでOK。つまり、男子はシャツとズボン、女子はシャツとスカート姿になります。

　学内のバンドは全学生の憧れで、誰もがメンバーになりたいと願いますが、人数が限られるため、新入生は必死で音楽を勉強します。バンドメンバーは、イベント時には授業の代わりに演奏活動を行います。また、毎日恒例のランチタイムの学内演奏が義務付けられています。

Harrow School
ハーロウ・スクール

ブレザーの学生服は珍しくないが、これにリボン付きの麦わら帽子が加わるとぐっと上品に。胸にエンブレムがなくても、きちんとした着こなしとこの帽子で、ハーロウ・スクール生だとわかる。

【シャツ】
胸ポケットのない、襟付きの白いシャツを着用。

【上着】
英国の学校で最もポピュラーなブレザー。そのブレザーを取り入れたハーロウ・スクールの制服。ポケットは3つで、校章などはついていない。ハーロウ・スクールではこのブレザーのことをブラー（Bluer）と呼ぶ。夏はブレザー、ネクタイ、帽子を着用しなくてもよいことになっている。

【セーター】
寒い日にはブレザーの下に、ウールもしくはコットン製の丸首かVネックの紺のセーターを着る。冬には膝ほどの丈のコートを着ることもある。

【ネクタイ】
ネクタイは黒。黒なのはビクトリア女王の喪に際して着用したものが、現在も続いている。

【ハーロウ・ハット】
ハーロウ・スクールのシンボル的な存在の、麦わら帽子。紺色のリボンが巻かれている。夏の暑い時期はかぶらなくてもよい。深さがあまりないので、姿勢よく歩かないと脱げやすい。

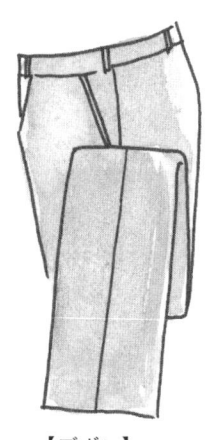

【ズボン】
グレーのズボン。起毛ウールのフランネル製。

【テイルスーツ】
ハーロウ・スクールでは、日曜日に礼拝に行くときと、特別なイベントのときにテイルスーツを着る。イートン・コレッジのテイルスーツとはデザインが異なり、前身頃が短い黒のテイルコートに、黒のネクタイ、黒のウエストコート（ベスト）、グレーのピンストライプのズボン。トップハットにステッキを持ち、まさに礼装。学業や芸術に秀でた学生は、黒のウエストコートではなく、グレーや赤になる。生徒会長だけは、テイルスーツにボウタイをつけ、学内イベントでも同様のスタイルになる。

【トップハット】
日曜日には、テイルスーツとともにトップハットが必携。同じ型で、シルク素材のものはシルクハットという。

【ボウタイ】
生徒会長だけは、テイルスーツを着るときにボウタイをつける。

【帽子とマフラー】

ハーロウ・スクールにもアイテムによって独自のデザインや柄がある。スポーツ用の帽子もいろいろあり、同じジャンルのスポーツでも種類が豊富。右からクリケットクラブの1軍用、中央は2軍用、左は一般学生用で異なる柄とデザイン。マフラーも、所属クラブによって色やボーダーの入り方が違う。

ハーロウ・スクールと制服話あれこれ

輩出した首相の数、スポーツマッチなどで競い、イートン・コレッジとライバル視されるハーロウ・スクール。こちらにもイートン・コレッジ同様、寄宿舎ごとの色やデザインがあり、ブレザー、ラグビーシャツ、クリケットシャツ、ソックス、キャップなどのスポーツウェアに反映されています。なかでもフェズと呼ばれるキャップとブレザーは、学校のフットボールチームのシニアハウス・チーム（高学年チーム）のみが着用。また、ハーロウ・スクールにも独自のスポーツ、ハーロウ・フットボールがあります。これはフットボールに似ていますが、ゴールは棒を2本立てたもので、キーパーはいません。このスポーツは雨の多い季節にのみ行われるため、泥まみれになることが多く、ユニフォームの柄がわからないほど汚れてしまいます。

Foot Guards The Queen's Guards
近衛歩兵

バッキンガム宮殿やウィンザー城など王室公邸を護衛する近衛歩兵。5つの連隊が交代で職務を遂行。赤いチュニック・スーツに熊毛の帽子の礼装だが、連隊ごとにボタンや帽子の飾りなどに違いがある。

【ズボン】
丈の長い上着、赤いチュニックの下にはいている黒のズボン。横に細くて真っ赤な線が入っている。階級が上位の士官のズボンは線が太い。

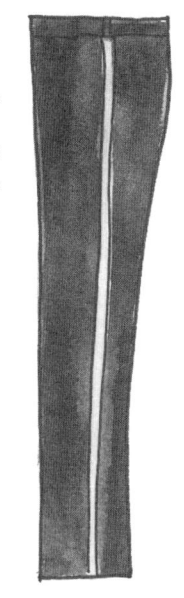

【オーバーコート】
寒いときに着るグレーのオーバーコート。衛兵交代も冬のあいだは、あの真っ赤な礼装を見る機会は少なくなる。金ボタンに白いベルト、大きな襟が特徴。

【准士官と下士官の階級章】
チュニックの腕に入っている階級章。これで階級が区別できる。ただし、士官の一部は所属する部隊によって呼び名が異なるものもある。

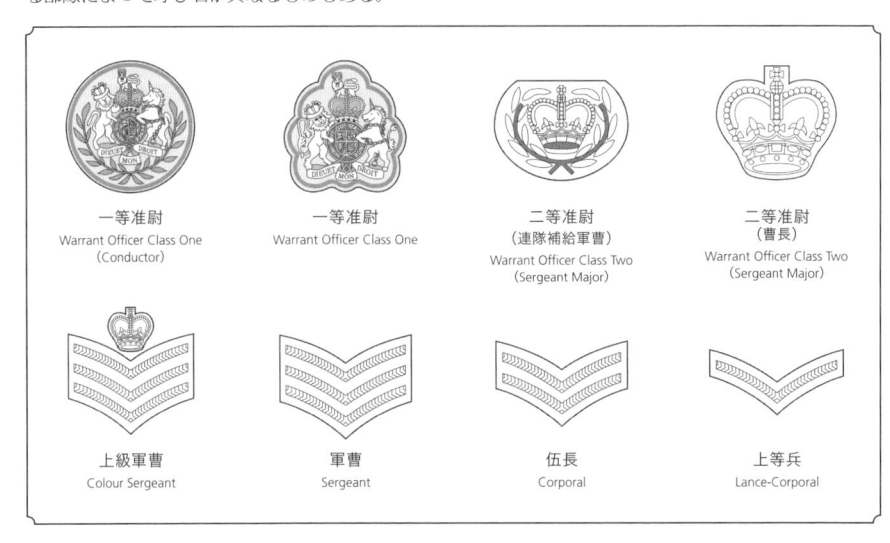

一等准尉	一等准尉	二等准尉（連隊補給軍曹）	二等准尉（曹長）
Warrant Officer Class One (Conductor)	Warrant Officer Class One	Warrant Officer Class Two (Sergeant Major)	Warrant Officer Class Two (Sergeant Major)

上級軍曹	軍曹	伍長	上等兵
Colour Sergeant	Sergeant	Corporal	Lance-Corporal

Armed Forces Uniforms ✥ Foot Guards

【上着と帽子】

各連隊は、よく見るとそれぞれボタンの数と位置、帽子の羽根飾りの色と位置が異なる。さらに記章などで、どの連隊なのか見分けられるようになっている。腕に階級を示す階級章がついている。

Grenadier Guards
グレナディア連隊

5つの編隊の中で一番長く君主に仕えているため優勢順位が高い。チュニックのボタンは同間隔で並び、熊毛の帽子の左側に白い羽根がついている。襟章は「炎が燃える手榴弾」のデザイン、肩章はロイヤル・サイファー(女王のシンボル)。

Coldstream Guards
コールドストリーム連隊

グレナディアより歴史は古いが近衛歩兵編隊の優勢順位は2番目。チュニックのボタンは2個ずつ並び、熊毛の帽子の右側に赤い羽根がついている。襟章は「ガーター騎士団の星」のデザイン、肩章はバラの花。

【記章】

連隊のしるし。それぞれの隊をイメージしたものがモチーフになっている。襟や肩につけるものは、デザインが少し異なる。

炎が燃える手榴弾

ガーター騎士団の星

Armed Forces Uniforms ❦ Foot Guards

Scots Guards
スコッツ連隊

チュニックのボタンは3個ずつ並び、熊毛の帽子には羽根飾りがない。襟章はアザミ、肩章は「アザミ騎士団の星」。アザミはスコットランドの国花。

Irish Guards
アイリッシュ連隊

チュニックのボタンは4個ずつ並び、熊毛の帽子の右側に青い羽根がついている。襟章はシャムロック（三つ葉のクローバー）、肩章は「聖パトリック騎士団の星」。

Welsh Guards
ウェリッシュ連隊

ウェリッシュ連隊のボタンは5個ずつ並び、熊毛の帽子の左側に白地に緑のライン入りの羽根がついている。襟章も肩章もウェールズの象徴である「葱」がモチーフ。

アザミ騎士団の星

聖パトリック騎士団の星

ウェールズの象徴、葱

111

Household Cavalry
王室騎兵

王室騎兵のふたつの連隊、ライフ・ガード（左）とブルーズ・アンド・ロイヤルズ（右）の礼装は前者が赤、後者が紺を基調としている以外はとてもよく似ているが、ディテールが少しだけ違っている。

【オーバーコート】
冬は大きな襟で裾の広がった長いオーバーコートを着る。ライフ・ガードのコートは赤に濃紺の襟、ブルーズ・アンド・ロイヤルズは濃紺に赤の襟。コートは、騎乗時に騎兵と馬の体を寒さから守れるよう、扇状に広がるようにデザインされている。

【上着】
あまり目立たないが、ライフ・ガードの赤いチュニックは濃紺で縁取りしてある。襟と袖も濃紺で金色の飾り付き。ブルーズ・アンド・ロイヤルズは色が逆で濃紺のチュニックに赤い縁取り。一番下のボタンだけはベルトを締めやすくするため、プレーンなボタンになっている。

【ブリーチズ】
ベッドフォードコードというウールと綿の混紡でできた白の乗馬用ズボンでブリーチズという。コーデュロイに似た分厚い素材。

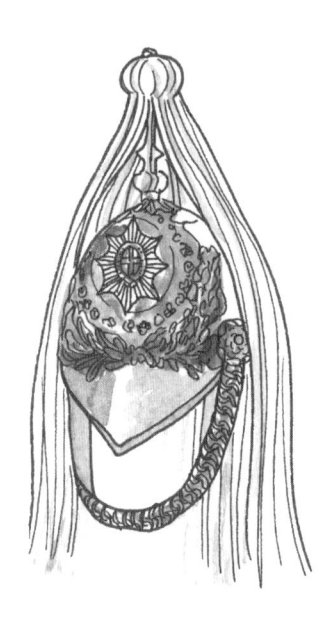

【ヘルメット】

白色合金製で中央にガーター騎士団の星がついており、冠毛が垂れ下がっている。ライフ・ガードとブルーズ・アンド・ロイヤルズの違いは3つある。前者の冠毛は白で天辺は玉葱のような形、顎チェーンの両端のロゼット飾りは四重の花びら、チェーンの位置は下唇の下。ブルーズ・アンド・ロイヤルズの冠毛は赤で、ロゼット飾りは7枚の花びら、チェーンの位置はもう少し下で顎の線。イラストは、ライフ・ガードのもの。

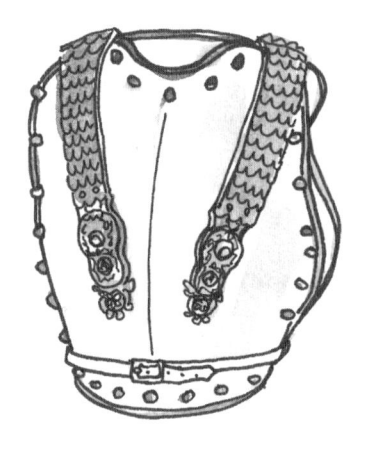

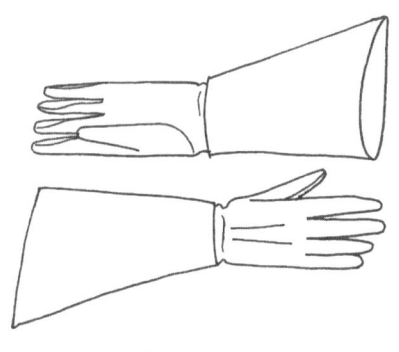

【胴よろい】

キュイラスと呼ばれる真鍮の飾りボタンがついた銀ニッケル製の銅よろい。前と後ろのパネルは鱗状のメタル・ストラップと、白く細いベルトで固定される。

【手袋】

白い長手袋、ガントレットは手の部分が合皮、袖の部分はなめし革。右手に剣を掲げながら左手だけでしっかり手綱を持つことができる。

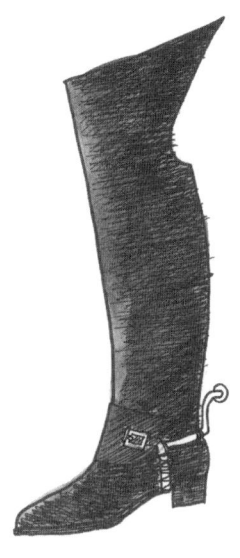

【拍車】
くるぶし部分の少ない脚力で、馬に大きな運動性を与える補助扶助道具。スパーズと呼ばれ、ブーツの上に革のストラップとチェーンで固定される。礼装の一部なので騎兵は騎乗しない儀式にもこれを着用するのが伝統らしい。

【ブーツ】
太ももの中間まで届く長い黒の革製ブーツ。膝上部分は後ろが開いており屈めるようになっているが、かなり歩きにくいらしく、地面を歩くときは膝を折らずに足を伸ばしたまま歩くようだ。

Armed Forces Uniforms ✤ Household Cavalry

馬も試験を受けて王室を護衛

　騎兵の礼装と同じくらい美しく手入れされた馬は、大半がアイリッシュ・ドラフト。敏速で運動性に優れた農耕馬系の種類で、黒毛が多いのが特徴です。王室の護衛という重要な任務を遂行すべく、丈夫で見栄えも動きも美しく、どんな状況においても落ち着いて行動できる穏やかな馬が選ばれます。3〜4歳馬で仮入隊、ホースマスターの厳しいトレーニングを受けたあと、実際に儀式で大きなパレードに参加して問題なければ正式入隊となるようです。騎兵も馬も、毎年夏になるとトレーニングのためノーフォークの田舎で過ごします。ここでは日々の任務から解放され、海岸沿いの砂浜を思いきりギャロップさせてもらえます。馬は平均17〜18歳でリタイヤするそう。

Royal Navy
海軍

40ページでウィリアム王子が着ているのが士官の礼装。ダブルのブレザー・スーツに真っ白なシャツ、ネクタイ、黒いつばがついた白の帽子。この上着は「モンキー・ジャケット」と呼ばれる。

【水兵の制服】

船や潜水艦で技術者として働く水兵。右腕の腕章は専門分野や特殊技術を示すもので、勤務態度がよいと勤続年数4年で左腕にV字が1本つく。12年をリミットに4年ごとに線が1本ずつ増えていくそうだ。イラストは水兵の制服で、首の周りに巻きつけた細いロープはラニヤードといい、昔は笛やナイフを下げていたらしい。白の帽子の縁取りをする黒いリボンには、勤務する船の名前が書かれている。裾広がりのズボンの裾は、巻きゲートルで留めてある。

ゲートル
脚を覆うすね当てのようなもの。

Armed Forces Uniforms ☸ Royal Navy

【階級章】

士官の階級章は、上着の袖についている。金色のラインの数と円環の組み合わせで、階級が区別できるようになっている。

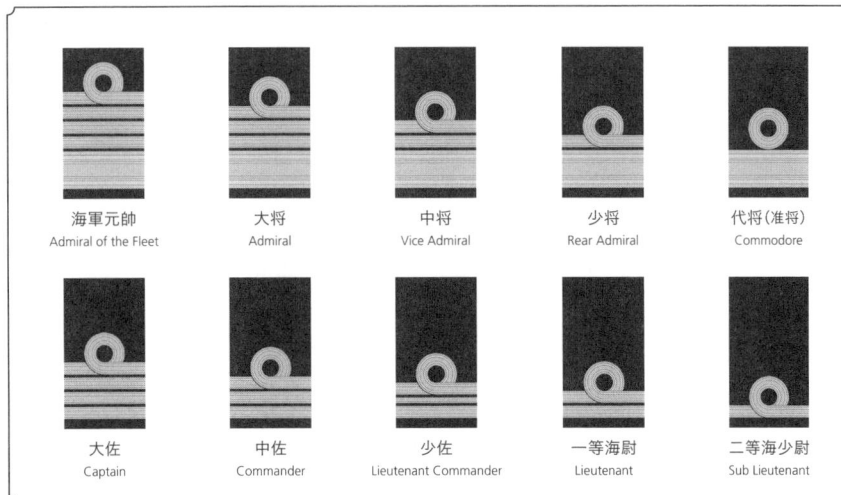

海軍元帥 Admiral of the Fleet	大将 Admiral	中将 Vice Admiral	少将 Rear Admiral	代将（准将） Commodore

大佐 Captain	中佐 Commander	少佐 Lieutenant Commander	一等海尉 Lieutenant	二等海少尉 Sub Lieutenant

117

Royal Air Force
空軍

空の色であるブルーを基調にした空軍の礼装は、ブルーグレーのスーツに同色の帽子、水色のシャツ、黒いネクタイ。一見地味だが、とても存在感のある礼装。

【温暖地で着る礼装】

士官が暖かい駐屯先で着る象牙色のスーツ。象牙色の長袖シャツ、お揃いの帽子に黒いネクタイ。肩章から金色の組紐を下げる。

【階級章】

士官の階級を示すもの。ラインの色、太さ、数の組み合わせで区別する。

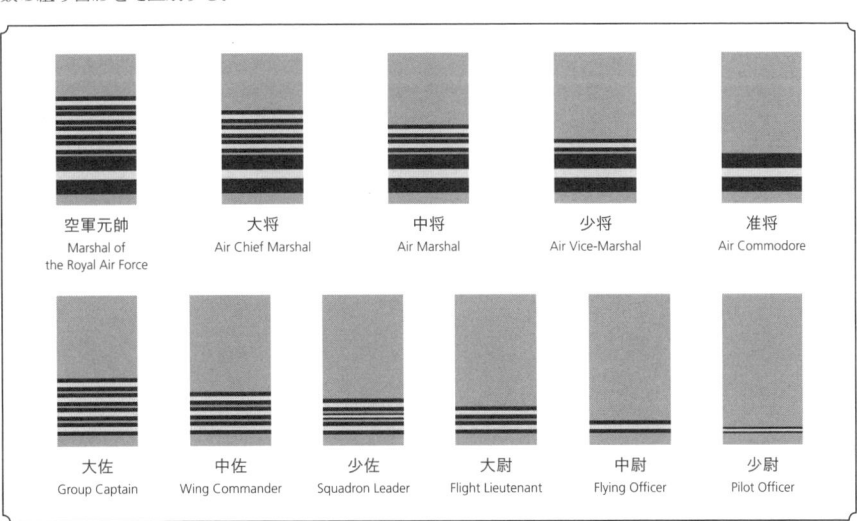

空軍元帥	大将	中将	少将	准将
Marshal of the Royal Air Force	Air Chief Marshal	Air Marshal	Air Vice-Marshal	Air Commodore

大佐	中佐	少佐	大尉	中尉	少尉
Group Captain	Wing Commander	Squadron Leader	Flight Lieutenant	Flying Officer	Pilot Officer

軍楽隊

陸軍、海軍、空軍にはそれぞれ華やかな軍楽隊があります。
ここで紹介するのは各軍楽隊の礼装の一部で、
役割や階級により異なることがあります。

❀ **王立騎馬砲兵**

王立騎馬砲兵が礼砲を撃つときに音楽を演奏する楽隊としてロンドンでは馴染み深い。黒い高帽に赤い羽根、右側に赤い布飾りが垂れている。チュニックは濃紺で赤の縁取り、赤い襟に金の縁取りで、袖も赤で金色の組紐の飾り。ズボンは濃紺で赤のストライプ。白いベルト。

❀ **近衛歩兵**

近衛歩兵の5つの連隊はそれぞれ軍楽隊を抱えており、ミュージシャンの礼装は歩兵の赤いチュニックを基本に飾りがたくさんついている。上のイラスト右側はスコッツ連隊のものでボタンは歩兵と同じく3個配列で、肩に金と濃紺の張り出しがついている。左は軍楽隊を率いて先頭をマーチするドラム・メイジャー。ワインレッドを基調に金色の組紐で一面を飾った上着には、胸にエリザベス女王を示す「ER」のマークが。帽子はベルベットの乗馬帽。

❀ 海軍の海兵隊
裾広がりの白いヘルメットが特徴的な海兵隊の軍楽隊。イラストはドラマーで、右腕に太鼓マークの刺繍が入っている。濃紺のチュニック、金の縁取りがついた赤い立て襟と袖、白いベルト。左肩から赤・黄・青で編んだ組紐が垂れている。ズボンには赤いストライプ。

❀ 空軍
空軍の基本カラーに従い、チュニックの色はブルー・グレー、襟は両側に空軍の翼のマーク入りで金の縁取り。金の組紐飾りが両肩についており、左肩から第1ボタンまで長い組紐の飾りを下げている。ズボンには金の2本線。黒い高帽は中央にRAF（Royal Air Force）のマーク、前面に金属のチェーンが垂れており青い羽根がついている。

❀ 王室騎兵
数多い軍楽隊の中で最も煌びやかなのが王室騎兵。ライフ・ガードとブルーズ・アンド・ロイヤルズはそれぞれ楽隊を持っている。近衛歩兵のドラム・メイジャーによく似た金色のチュニックで、帽子もベルベットの乗馬帽。イラストはドラマーで、大きなドラムを鞍の両脇に固定。ミュージシャンは全員、足だけで馬に指示を与えながら演奏を続ける。

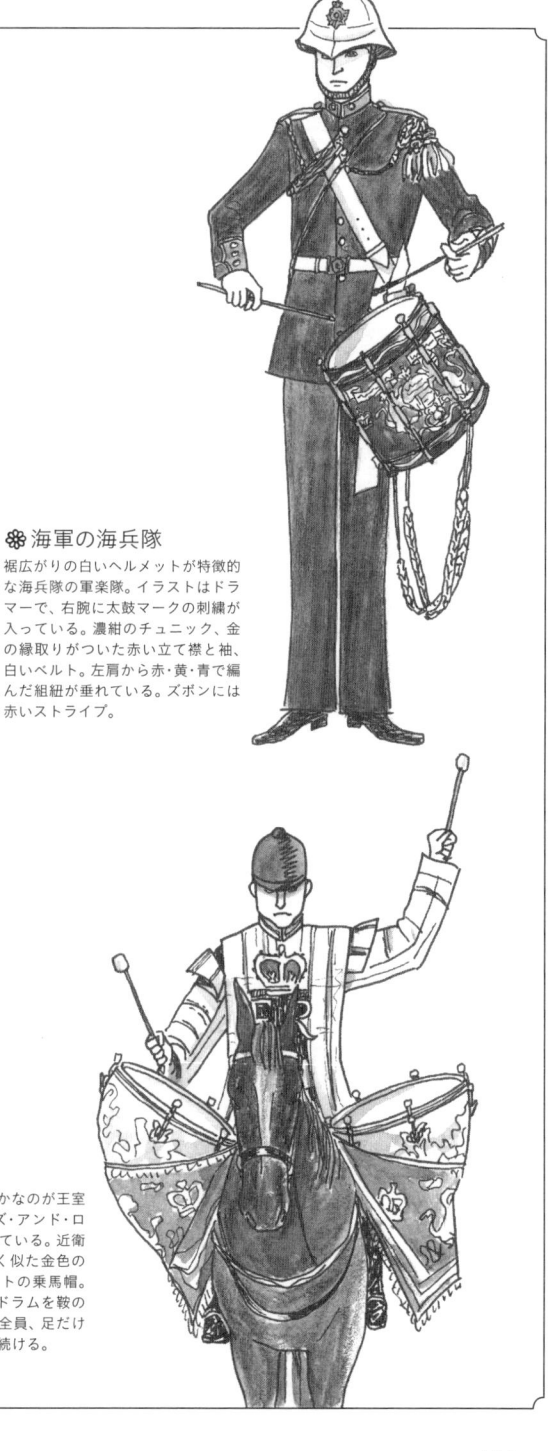

Cricket
クリケット

カラフルなユニフォームもあるが、やはりクリケットといえば白が正統派。重要な国際試合以外でも、ローカルなクリケット場などで白のユニフォームで試合を楽しむ姿を見かけるはず。

【クリケットシャツ】
国際大会などの、メジャーな公式大会ではウェアは白というのが伝統になっている。シャツは襟付きの半袖か長袖。ただし、最近ではそういった特別な試合以外では、カラフルなユニフォームを着るチームも増えている。

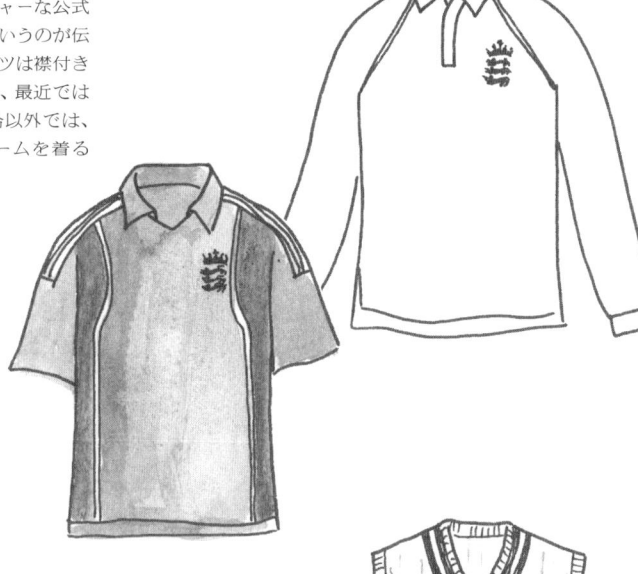

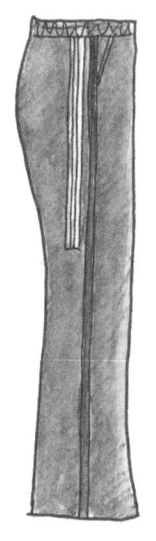

【ベスト】
気温が低いときには、シャツの上にベストを着る。Vネックの白いニットで、このVのラインと裾に入っているラインがチームカラー。白いウェア同士での試合では、このラインの色でチームを区別する。ベストのほかに同じくライン入りのセーターを着ることもある。

【ズボン】
白のシャツには、白のズボン。カラーシャツには、コーディネートされた同系色のカラーのズボンを着用。

【ハット】
つばが広く、日よけ対策に向いている。試合中にかぶる帽子には、ほかにキャップがある。

【キャップ】
頭にフィットするキャップは、走っても脱げにくいため好む人が多い。

【ヘルメット】
バッターがかぶるヘルメット。頭部をガードするだけでなく、顔面も守る。

【グラブ】
打者がつける手袋で、バッティンググラブとも呼ばれる。このグラブのほかに、キーパーグラブというウィケット・キーパーがつけるグラブもあり、こちらは親指と人差し指のあいだに水かき状のものがついている。野手は野球とは違い、グラブをしないで素手でプレーする。

【パッズ】
ボールから足を守るためにつけるすね当て。打者がつけるものと、ウィケット・キーパー（捕手）がつけるものではデザインが少々異なる。イラストは打者用。ウィケット・キーパーのすね当ては打者用よりも小さめで、動きやすさを重視。

【シューズ】
クリケットシューズの裏面には、取りはずしのきくスパイクがついている。

クリケットとは？

　クリケットは、英国の国技です。日本ではマイナーなスポーツながら、女子もプレーし、全世界100カ国以上で愛好されています。かつて英国の植民地だったインドやパキスタン、オーストラリアやニュージーランドでは特に人気が高く、さかんに行われています。競技人口はフットボールに次ぐ世界第2位で、プロリーグもあり、4年ごとにワールドカップも開催されています。クリケットという名前にピンとこなくても、映画のワンシーンで、白いウェアを着て芝の上でプレイする姿を見たこともあるのではないでしょうか？　紳士淑女のスポーツといわれ、フェアプレー精神が非常に尊重されるためか、英国のたいていのパブリック・スクールでは授業にクリケットを組み込み、教育に役立てているようです。

　ルールは野球の原型といわれています。チームは11人で構成され、投手は打者と捕手のあいだにあるウィケット（3本の短い杭を繋げたもの）に向かって球を投げます。また、ウィケットは投手の後ろにも置かれ、その横にもうひとりの打者が待機します。投手は6球投げるごとに交代し、ウィケットに当てたら打者はアウト。打者はこれを阻止して打ち返します。球がノーバウンドで野手にキャッチされても打者はアウト。ヒットしたらその間に打者は、投手側にあるウィケットへ走ります。この際、投手側に待機していた打者も立ち上がって反対側のウィケットに向かって走り、両打者がウィケットに到達して初めて得点に。打者が10人アウトになって初めて攻守交替となりますが、野球と違い、アウトを取るのはウィケットを倒すか、打った球をダイレクトキャッチしなければならず、1イニングが終了するのに時間がかかります。

Polo
ポロ

シャツにコットンのズボン、ブーツ、ヘルメットが
ポロの基本スタイルだ。ポロで着ていたこのシャツ
が「ポロシャツ」の名前の由来だといわれている。審
判もポロシャツを着てジャッジする。

【シャツ】
コットン製（最近では化繊入りもある）で襟付きのスポーツシャツ。ボタンは襟元から3個程度。ポロの競技場は広いため、色と柄が遠くからも見分けられるようになっている。審判もポロシャツを着るが、これははっきりとした色のストライプ。長袖を着ることもある。

対戦時に馬に乗って広いフィールドを走っても、どちらのチームかわかりやすいデザイン。

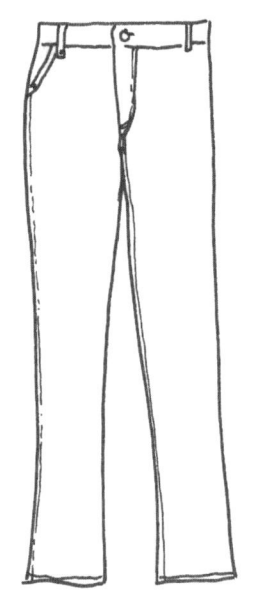

【ズボン】
ズボンはコットン製の白。ストレッチ素材のものも好まれる。ブーツの中に入れてはく。

縦に太いストライプのポロシャツは、審判が着る。選手のポロシャツとはっきり区別できる。

【ヘルメット】
ヘルメットはつば付きで、表面が革のもの、布のものなどがある。なかにはフェイスガードのついたものもある。

【ゴーグル】
目をガードするためにゴーグルをつける人もいる。日差しが強いときのために、色付きもある。

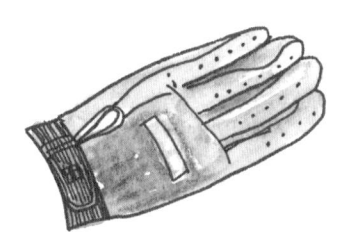

【ニーパッド】
ニーガードともいう。ズボンの上から装着する膝当て。革でできている。

【手袋】
手首のところがきちっと留まり、通気性のよいデザインが主流。プロ用は手綱やマレットの握りやすさも考慮。

【ブーツ】
革製。いくつか型があり、足元を紐で縛るタイプ、前ジッパータイプ、ストレートに履くシンプルなタイプなど。試合のときにはスパーズ(拍車)をかかとと、くるぶしのあたりにつける。

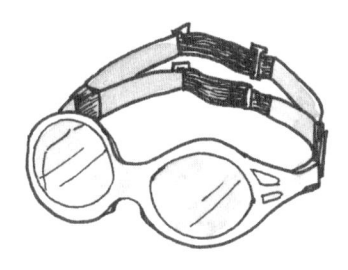

ポロとは？

フットボールのピッチが3つも入る広さの（300ヤード×160ヤード）芝のフィールドで行う、馬上のホッケーといわれる競技。馬でフィールドを駆け抜けながら、マレットというスティックでボールをフィールドの端にある相手のゴールに打ち込んで得点。得点のたびにゴールが入れ替わります。各チーム4名で行われ、1チャッカ（chukka。1ラウンドのことをポロではこう呼ぶ）7分間で、チャッカの合間に休憩が入ります。またチャッカごとに、別の馬に替え、休ませます。通常、ひとつの試合は6チャッカで構成されています。

ポロの試合は、上流階級の社交の場ともなっており、初夏にウィンザーで行われる国際大会「カルティエ・インターナショナル・デー」には、王室はもちろんのこと、各界のセレブが集います。おしゃれをした人々があふれ、シャンパンとキャビアのストール（屋台）も出たりと、会場は非常に華やかなムードに。また、王室では実際にプレーするポロの愛好者も多く、毎年チャールズ皇太子のチームが出場し、ヘンリー王子が選手として出場することもあります。これは一般でも観戦可能で、チケットは数カ月前からインターネットのTicketmasterなどで購入できます。ただし、ドレスコードがあるので、ジーンズにスニーカーではダメ。ワンピースやジャケットで、高級レストランにランチに行く程度のおしゃれは必要です。

Horse Riding
乗馬

馬術競技やイベントで着用する乗馬服は機能性とデザイン性を兼ね備えたファッション性豊かな装い。騎乗時にシルエットが美しく見えるよう体にフィットした細身のものが多いのが特徴。

【シャツ】

男性の場合、競技用のシャツは大きく分けて2種類ある。普通のシャツとネクタイ、立ち襟のストック・シャツとストック・タイ(首に巻く幅広の帯状の襟飾り)。シャツはコットン、ストック・タイはシルク、ナイロン、コットンなどの素材で白かクリーム色が多い。ネクタイも白っぽいものを選ぶのが一般的。

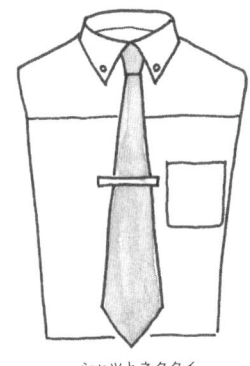

シャツとネクタイ

ストック・タイは前をピンで留める。

ストック・シャツ

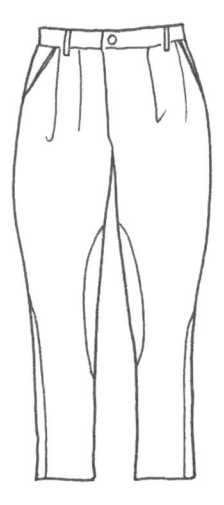

【ブリーチズ】

乗馬ズボンには2種類あり、長いブーツを履くときはブリーチズという、丈がふくらはぎの真ん中あたりまでの短めのズボンをはく。くるぶしまで届く折り返しのあるジョッパーは短靴用。

男性用は腰にダーツが多くゆったりしているのが特徴。

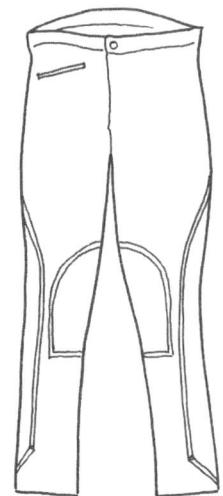

女性用は体にフィットしたもが多い。

ショー・ジャケット

ハント・コート

馬場馬術用テイルコート

競技用ジャケット

ツイード・ジャケット(女性用)

【ジャケット】

乗馬ジャケットのデザインは一部を除き男女同様。オリンピックや国体などレベルの高い馬場馬術には黒か紺のテイルコートにトップハット、アマチュアレベルは競技用ジャケットかツイード・ジャケット、障害飛越競技はショー・ジャケット、ハンティングにはハント・コートなど用途に合わせて少しずつ色とスタイルが変化する。

【帽子】

万が一の事故に備えて頭を衝撃から守る帽子は大切。日常的な乗馬にはスカル・キャップというヘルメットにベルベットやサテンのつば付きカバーを重ねてかぶることが多い。アマチュア・レベルの馬術競技にはベルベットの帽子、レベルの高い馬場馬術競技にはトップハットをかぶる。通気性のよい最新型のヘルメットは、障害飛越競技やクロスカントリー競技に好まれる。

トップハット

後ろにリボンがついた
ベルベットの帽子

スカル・キャップ・
ヘルメット

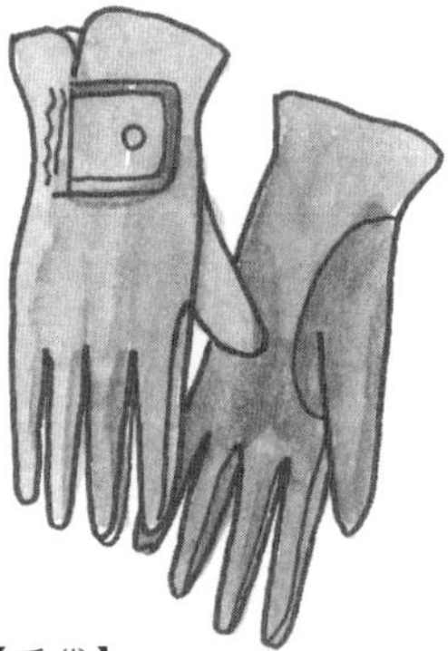

【ブーツ】

競技に履くのは黒いロングブーツ。優雅さとは裏腹に、身体にかなりの負担がかかる乗馬。その負担を軽くするためにもロングブーツはぴったりしたものを選ぶ必要がある。乗馬ブーツ職人はブーツのオーダーメイドのほか、既製品のお直しと修理もしてくれる。既製品でもよい品物は足のサイズを測る場所が何カ所もあり、フィットしたものが選べるようになっている。

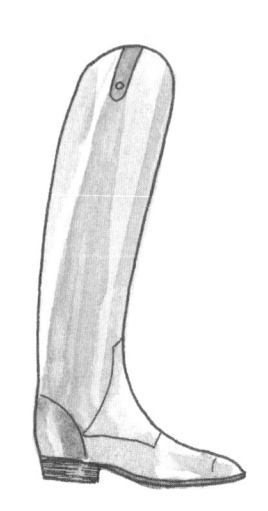

【手袋】

手綱を持つ手が滑らないようにするための手袋。馬場馬術競技には白い手袋を着用する規則がある。素材は革製、コットン、合成素材などさまざまだが、指の内側に滑り止めがついているものが多い。

Judge
裁判官

高等法院の裁判官が刑事裁判で着る赤い礼装と短い
かつら。袖と前身頃の縁取りは白い毛皮で、ガウン
の上にプリーツ状の黒いスカーフと赤い肩掛けを
し、黒い布のベルトを締める。

【民事裁判用の略式礼装】

2008年10月から規則が変わり、巡回裁判官を除くすべての裁判官がベティ・ジャクソンがデザインした略式ガウンを着るようになった。ガウンは前開きでファスナーがついている。襟下の2本の飾りは裁判官の所属や階級により異なり、たとえば高等法院は赤、控訴院は金色など。

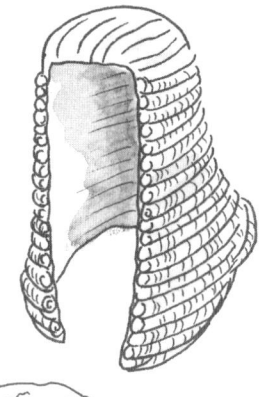

【かつら】

かつらには2種類あるが、刑事裁判でかぶるのは短いほうで、長いかつらは儀式用。法廷弁護士のかつらが全体に巻き毛なのに対して、弁護士のかつらは両方とも織りが細かい。短いかつらの巻き毛は後頭部にひとつと後ろに2本垂れ下がった2本の毛束の先端のみ。

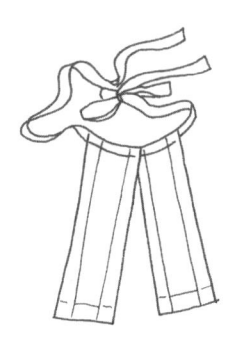

【二股襟】

正式にはバンドと呼ばれる二股襟。長い紐が2本ついており、首の後ろでリボン結びをするようになっている。ゴムの紐をクリップで留めるだけのものもある。

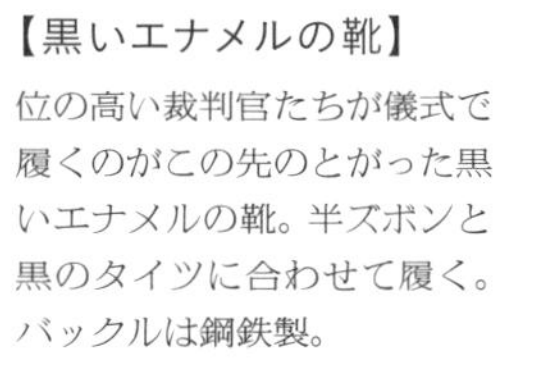

【黒いエナメルの靴】

位の高い裁判官たちが儀式で履くのがこの先のとがった黒いエナメルの靴。半ズボンと黒のタイツに合わせて履く。バックルは鋼鉄製。

Barrister
法廷弁護士

一部の刑事裁判で着る黒いガウンは、黒の3ピース・スーツの上に羽織る。前はシンプルだが、後ろはプリーツがたっぷり入り、裾広がりで長い。袖も裾広がりで縁取りにギャザー、ボタン、プリーツなどの飾りがある。

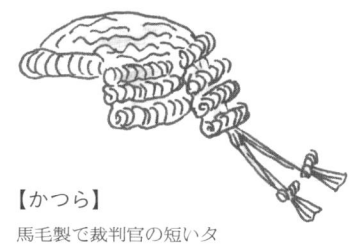

【かつら】
馬毛製で裁判官の短いタイプのかつらと比べると巻き毛が多いのが特徴。

【ガウン】
左肩から前と後ろに垂れる黒い布は、肩掛けとフードの名残らしい。後ろ側の布は金銭を貰うのが下賤なことと思われていた時代に「客がこっそり弁護士費用を入れる」ための袋だったという説もある。

【ブルーバッグ】
裁判でかつらとガウンを身につけるときは、ブルーバッグと呼ばれる、自分のイニシャルを刺繍した青い袋に入れて持ち歩くのが伝統。

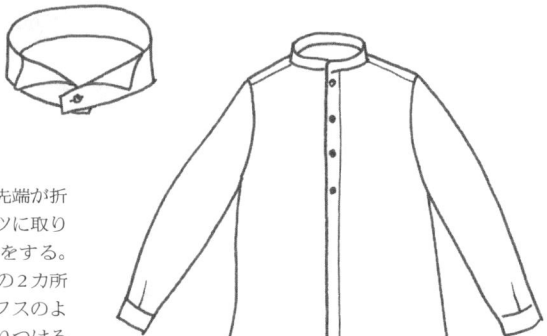

【シャツと付け襟】
ウィングカラーという先端が折れた付け襟を丸首シャツに取りつけて、さらに二股襟をする。付け襟は首の前と後ろの2カ所で、スタッドというカフスのようなものでシャツに取りつけるようになっている。

Other Uniforms ◆ Barrister

137

Scottish Kilt
スコットランドのキルト

スコットランドの民族衣装。氏族により異なるタータン（格子柄の布）で、プリーツを作って腰に巻きつけて着る。イラストのハイランドドレスと呼ばれる正装からカジュアルまで、着こなしはさまざま。

【上着】

冠婚葬祭ではフォーマルな上着と、キルトを組み合わせる。この着丈の短いジャケットは、プリンス・チャーリー・ジャケット。このジャケットを着るときにはシャツとネクタイ、またはボウタイを合わせる。ちなみにプリンス・チャーリーとは、スコットランド史に欠かせない、イングランドとの戦いにおける英雄のひとり。

【ジャコバイト・シャツ】

ジャコピアン・シャツ、ギリーシャツとも呼ばれる、胸元を紐で編み上げるタイプの白いシャツ。ジャケットを着ないで、キルトと組み合わせる。ケイリーというスコットランドのダンスパーティーで男性が着るほか、最近は結婚式でも。

【ギリー・ブローグ】

くるぶしあたりで紐を縛る、独特の正装用の靴。バックル付きで紐がない、バックル・ブローグという正装用の靴もある。

{ キルトのバリエーション }

❀ **軍楽隊の礼装**
スコットランドの軍楽隊は、キルトが礼装。同じ柄のプレードという布をマントのように肩から背中に掛けている。キルトの柄は、所属する部隊によって異なる。軍楽隊ではないバグパイプ楽団は、ハイランドドレスで演奏することが多い。

❀ **ツイード・ジャケットと合わせて**
中年男性によく見かける、ツイード・ジャケットとの組み合わせ。正装ほど堅苦しくなく、スコットランドのちょっとしたパーティーやイベントにもぴったり。

【スポーラン】
小物を入れておくほかに、キルトの裾を押さえる役割がある。革製、毛皮製などがありデザインもいろいろ。

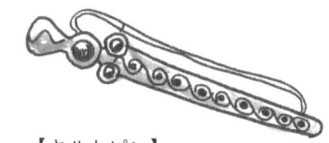

【キルトピン】
キルトの裾がめくれないように留めるためのピン。剣やケルトの文様、スコットランドの国花、アザミをモチーフにしたものが多い。

❊ ポロシャツとキルト
ポロシャツやTシャツを着て、足にはスニーカーなど、普段着のアイテムとの組み合わせはなかなかカッコいい。このスタイルでスポーツのスコットランドチームの応援に行く若者も結構多い。観光地のパブではスタッフがこの格好をしていることも。

❊ 白いシャツとキルト
その形がロマンチックなジャコバイト・シャツ。映画『ロブ・ロイ』『ブレイブハート』で着ていたため、公開以降人気となった。

❊ 女の子のキルト
本来キルトは男性が着る衣装だが、ハイランドダンスでは、女の子も白いブラウスにキルトの衣装で踊る。

【ホーズ】
つま先のある膝下丈の靴下、フルホーズと、つま先のないハーフホーズがある。無地、アーガイル柄などがあり、キルトの柄と揃えることも。ガーター・フラッシュという靴下留めで留めて折り返す。

【スキーン・ドゥー】
小型ナイフ。右足のホーズの内側に挟む。

Other Uniforms ❊ Scottish Kilt

映画で楽しむ英国の制服

英国を舞台とした映画やテレビドラマで学生服や軍服姿を楽しみたい、という人におすすめの作品を紹介します。レンタルショップで借りたり、BSやCSのオンエアでチェックを。ファッションはもちろん、役者の演技やストーリーにも引き込まれます。

{ 学生服 }

王道はやはり、名門全寮制寄宿学校の学生の愛と苦悩を描いた『アナザー・カントリー』。作品の舞台はイートン・コレッジがモデルといわれるだけあり、校内のシーンや美しく着こなした燕尾服の制服もその影響がそこかしこに表れています。少年たちの制服姿、クリケット姿、寄宿生活のひとコマなども見られるうえ、英国映画の実力派俳優、コリン・ファースやルパート・エヴェレットらの美青年ぶりも堪能でき、英国制服男子ファンの入門作品にしてバイブル的作品です。

『If....もしも…』は、学校の体制に反発した生徒のストーリー。主人公が息苦しさを感じた寄宿学校の生活、格上の学生との確執も描かれ、学校モノとしては珍しいアプローチの内容。

ハーロウ・スクールに似たブレザーにネクタイ、ストロー・ハットの制服の学校が舞台の、教師と生徒の絆を描いた『チップス先生さようなら』。チップス先生を中心に学園生活が描かれ、教師も正装で登場します。

最近のブレザースタイルの制服を見るのなら『同級生』。男子に恋する男子が登場する学園モノで、ちょっとルーズな制服の着こなしがイマドキな感じです。

可愛い少年少女の制服姿なら『小さな恋のメロディ』。同じ学校の生徒同士で恋に落ち、授業を抜け出して駆け落ちまでしてしまうラブストーリー。70年代の映画ですが、制服姿に古さは感じられません。

最近の作品では、やはり『ハリー・ポッター』。本シリーズは「魔法学校」という特殊な学校が舞台ですが、英国のパブリック・スクールの断片をかいま見ることができるシーンがいくつも登場します。ブレザー・スタイルの制服を基本に、ときどきその上にローブを着た姿は、オックスフォード大学の制服の影響も？ 制服人気を反映か、彼らが着ているものと同じ形のローブは公開当時評判になり、今も通信販売で売られています。

またドキュメンタリー作品ですが、以前WOWOWでオンエアされていた『ジーン・シモンズのロックスクール』は本書に登場している学校、クライスツ・ホスピタルにロックバンドKISSのジーン・シモンズが乗り込み、ロック教師になるというユニークな番組でした。これは再放送を期待したいところです。日本版のDVDは発売されていないけれど、輸入版では見ることができるのでチャンスがあればぜひ！

『アナザー・カントリー』

『If....もしも…』

『小さな恋のメロディ』

スチル写真：(財)川喜多記念映画文化財団

{　　軍服　　}

　英国文学が原作で、今までも何度か映像化された『**サハラに舞う羽根**』。若き陸軍士官が戦争に疑問を抱き除隊、仲間たちから臆病者扱いされますが、友のためサハラの戦場に赴くという話で、今は亡きヒース・レッジャーが主演しました。『**マスター・アンド・コマンダー**』は19世紀初め、フランス軍と対峙する英国海軍の軍艦が舞台。百戦錬磨の名船長オーブリーの活躍と、12歳の若き士官候補生ブレイクリーの成長を描いています。オーブリーを演じるのはラッセル・クロウ、ブレイクリー役は撮影当時はイートン・コッレジ、その後ケンブリッジ大学に進んだマックス・パーキス。
　『**炎の英雄 シャープ**』と『**ホーンブロワー 海の勇者**』はどちらも英国の人気テレビドラマ。『**炎の英雄 シャープ**』はライフル隊を率いる将校シャープと彼の部下たちの活躍を描いた物語で、主演は『ロード・オブ・ザ・リング』のボロミアを演じたショーン・ビーン。19世紀の軍服姿が見られますが、その姿はかなりワイルドです。一方『**ホーンブロワー 海の勇者**』は若い士官が戦艦に乗り込み、活躍する姿を描いたもの。英国海洋冒険小説が原作で、邦訳も出ています。ウェールズ出身のヨアン・グリフィズが主演しています。

＊これらの作品の軍服は、時代設定が古いため
　現在のものとは多少異なります。

『チップス先生さようなら』

『同級生』
発売元・販売元：日活株式会社
©1998.GRAPHITE FILMS
(GET REAL) LTD.
AND DISTANT HORAIZON LTD.
ALL RIGHT RESERVED
¥4,395(税込)

『ハリー・ポッターと賢者の石 特別版』
DVD 2枚組
販売元：
ワーナー・ホーム・ビデオ
©2001 Warner Bros. Ent.
Harry Potter Publishing Rights
©J.K.Rowling.
HARRY POTTER characters, names and related indicia are trademarks of and ©Warner Bros. Ent.Distributed by Warner Home Video. All rights reserved.
¥3,129(税込)

『サハラに舞う羽根』
発売元：ショウゲート
販売元：アミューズソフトエンタテインメント
¥2,625(税込)

『マスター・アンド・コマンダー』
発売元：ジェネオン・ユニバーサル・エンターテイメント
¥1,500(税込)

『炎の英雄 シャープ
DVD-BOX1、2』
発売・販売元：ハピネット
©Granada International
¥29,400(税込)
¥22,050(税込)

『ホーンブロワー 海の勇者
DVD-BOX1、2』
発売・販売元：ハピネット
©MERIDIAN PRODUCTION
各¥15,960(税込)

英国男子制服コレクション

2009年 8月30日　初版発行
2012年11月 4日　4刷発行

著者	石井理恵子／横山明美
編集	石井理恵子／新紀元社編集部
デザイン	倉林愛子
銅版画・イラスト	松本里美

Special Thanks
英国政府観光庁／株式会社トンボ／日本クリケット協会／株式会社WOWOW
P67 高等法院のコスチューム：Angles The Costumiers (www.angels.uk.com/)
M. P. Nolan Esq.／Ben & Jane Harrop-Griffiths
Simon Saunders (HQ London District)／Simon Wright (Hammersmith Morris)
Kieran Meeke／Alasdair & Marie Cheng-Thong／Paul Hardy／Hester White
Paul & Kirsty Holms／Mika Nakamura／Fumia Nakazawa／Takasumi Miyamoto

発行者	藤原健二
発行所	株式会社新紀元社
	〒160-0022
	東京都新宿区新宿1-9-2-3F
	TEL：03-5312-4481
	FAX：03-5312-4482
	http://www.shinkigensha.co.jp/
	郵便振替　00110-4-27618
印刷・製本	株式会社リーブルテック

ISBN978-4-7753-0740-3
©Rieko Ishii & Akemi Yokoyama 2009, Printed in Japan

乱丁・落丁本はお取り替えいたします。
定価はカバーに表示してあります。